"十三五"职业教育建筑类专业系列教材

施工组织设计

第 2 版

主　编　张　洁
副主编　张玉威
参　编　朱　平　杨　莹
主　审　郭秋生　张雪明

U0239482

机械工业出版社

本书根据职业教育的特点,按照技能型人才的培养目标进行编写,在章节安排上力求突出实用性和先进性。全书内容浅显易懂,采用了大量的工程实际案例,着重培养学生编制分项工程施工组织设计的能力。

全书共 4 个单元。单元 1 介绍施工组织的基本原则与施工组织设计的作用与分类;单元 2 阐述建筑工程施工与网络计划的基本知识;单元 3 详述施工组织设计的内容和方法;单元 4 阐述施工组织设计中计算机软件的应用。

本书可作为职业教育院校建筑类专业的教学用书,也可作为相关企业施工人员的岗位培训教材和工程技术人员的参考用书。

为方便教学,本书配有电子资源,凡选用本书作为授课教材的教师均可登录 www.cmpedu.com,以教师身份免费注册下载。编辑咨询电话:010-88379934。机工社职教建筑群:221010660。

图书在版编目(CIP)数据

施工组织设计/张洁主编. —2 版. —北京:机械工业出版社,2017.7
(2024.7 重印)

"十三五"职业教育建筑类专业系列教材

ISBN 978-7-111-56721-9

Ⅰ.①施…　Ⅱ.①张…　Ⅲ.①建筑工程-施工组织-设计-高等职业教育-教材　Ⅳ.①TU721

中国版本图书馆 CIP 数据核字(2017)第 092037 号

机械工业出版社(北京市百万庄大街 22 号　邮政编码 100037)
策划编辑:刘思海　责任编辑:刘思海　臧程程
责任校对:张　征　封面设计:鞠　杨
责任印制:常天培
北京中科印刷有限公司印刷
2024 年 7 月第 2 版第 6 次印刷
184mm×260mm・10 印张・237 千字
标准书号:ISBN 978-7-111-56721-9
定价:35.00 元

电话服务　　　　　　　　　　网络服务

客服电话:010-88361066　机 工 官 网:www.cmpbook.com
　　　　　010-88379833　机 工 官 博:weibo.com/cmp1952
　　　　　010-68326294　金 书 网:www.golden-book.com
封底无防伪标均为盗版　机工教育服务网:www.cmpedu.com

第2版前言

本书根据《建设行业技能型紧缺人才培养指导方案》，并参照有关国家职业标准和行业岗位要求进行编写，可作为建筑行业技能型紧缺人才培养培训的系列教材之一。

本书在第1版的基础上重新编写了单元1与单元4，并对其他单元进行了调整。本书以强化职业能力为主、学习理论知识为辅，侧重理论与实际相结合，在掌握施工组织设计的基本原理的基础上，着重培养学生编制单位工程施工组织设计的能力。

全书所选用的例题与案例均为工程实际中常见的。目前招投标标书的编制中大量涉及施工组织设计，本书也可以作为编制投标标书中施工组织设计的初步指导。

本书的教学学时为30学时，各单元学时分配如下：

序　号	课 程 内 容	学 时 数		
		教学学时	实践学时	备　　注
单元1	施工组织概述	2	实践教学2周	2周实践教学中包括软件使用
单元2	流水施工与网络计划	8		
单元3	施工组织设计	16		
单元4	计算机在施工组织设计中的应用	2		
	机动	2		
总计	30学时＋2周实践教学	30	2周	

本书由天津建筑工程学校张洁任主编，河北城乡建设学校张玉威任副主编。具体分工如下：单元2的课题2和单元3的课题1、2、4、6、7由张洁编写；单元2的课题1和单元3的课题3由张玉威编写；单元1由天津建筑工程学校的杨莹编写；单元3的课题5和单元4由江苏城乡建设职业学院朱平编写；北京城市建设学校的高级工程师、副教授郭秋生与天津河东区市容管理委员会的高级工程师张雪明任主审，他们对书稿提出了很多宝贵的意见，在此表示感谢！

由于编者水平有限，书中疏漏和不足之处在所难免，敬请读者提出宝贵意见。

编　者

第1版前言

　　本书根据教育部和建设部2004年制定的《中等职业学校建设行业技能型紧缺人才培养培训指导方案》中的相关教学内容与教学要求,并参照有关国家职业标准和行业岗位要求进行编写,可作为建设行业技能型紧缺人才培养培训的系列教材之一。

　　本书以强化职业能力为主、学习理论知识为辅,理论与实际相结合,在学生掌握施工组织设计的基本原理的基础上着重培养学生编制分项工程施工组织设计的能力。全书所选用的例题与案例均为工程实际中常见的。

　　本书的教学时数为30学时,各单元学时分配见下表(供参考)。

单 元	学 时 数	单 元	学 时 数
单元1	2	单元3	16
单元2	8	单元4	2
		机动	2

　　本书由天津市建筑工程学校的张洁任主编,河北城建学校的张玉威任副主编。单元2的课题2和单元3的课题1、2、4、6、7由张洁编写;单元2的课题1和单元3的课题3由张玉威编写;单元1由江莹编写;单元3的课题5和单元4由朱平编写。天津市第六建筑工程公司第一分公司的李永富和天津市建工集团第一建筑公司的王建峰总工程师任主审,他们对书稿提出了很多宝贵意见,在此表示衷心感谢。

　　本书在编写中参考了一些有关施工组织设计的教材、规范、设计案例资料,在此向给予支持和帮助的同志表示感谢。由于编者水平所限,书中疏漏和不足之处在所难免,敬请读者提出宝贵意见。

编　者

目　录

单元 1

施工组织概述

单元概述

本单元介绍了建筑施工程序、施工组织设计的有关知识，还介绍了施工组织的基本原则及施工准备工作的有关知识。

 学习目标

了解建筑施工程序，掌握施工组织设计的分类方法，了解施工内业与施工外业的内容。

建筑施工是一项多工种、多专业的复杂的系统工程，要使施工全过程顺利进行，以达到预定的目标，就必须使用科学的方法进行有效的施工管理。一个工程项目的施工，要经历几十或上百个施工过程，要用到几百种材料和各式各样的施工机械设备，同时还需要很多专业工种的施工班组协同劳动。所以一个建筑物的建筑工程是一个复杂的系统工程，我们要完成如此繁重的建设任务，除了设计、材料供应等因素之外，主要靠先进合理的施工组织设计和有效的科学的现场施工管理来保证。施工组织是施工管理重要的组成部分，它对统筹施工的全过程、推动企业技术进步及优化建筑施工管理起到核心作用。

《施工组织设计》是建筑施工专业的一门重要的专业课，它的主要任务是：根据施工项目的具体条件，对施工的各项活动做出全面的、科学的规划和部署。以便在众多可行的方案中确定最优方案，以达到在保证质量的前提下，缩短工期，降低成本的目的。

本课程学习的主要内容（思维导图）如图1-1所示。

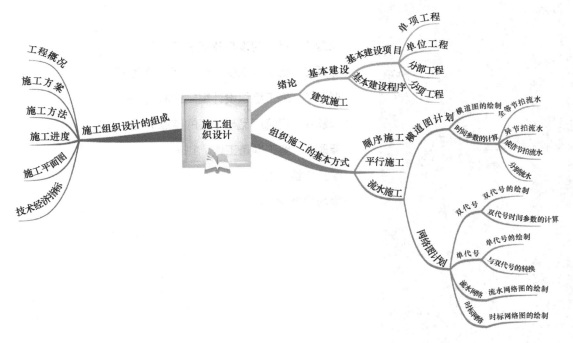

图1-1 本课程主要内容（思维导图）

课题1 基本建设与建筑施工

一、基市建设及其程序要点

基本建设是指国民经济各部门为了扩大再生产而进行的增加固定资产的建设工作，也就是指形成新的固定资产的过程。而固定资产是指在社会再生产过程中，能够在较长时期内使用而不改变其实物形态的物质资料。例如各种建筑物、构筑物、机械设备、运输工具以及在规定金额以上的工具、器具等，凡使用年限在一年以上，同时单体价值在 500 元以上的均为固定资产。基本建设的内容很广，包括建筑施工及安装工程、设备购置，同时还包括征用土地、勘察设计、筹建机构等有关工作。基本建设为国民经济的发展和人民物质文化生活的提高奠定了物质基础。基本建设主要是通过新建、扩建、改建和重建工程，特别是新建和扩建工程的建造，以及与其有关的工作来实现的。因此，建筑施工是完成基本建设的重要活动。

基本建设的主要内容包括固定资产的建筑与安装，设备、工具和器具的购置，其他基本建设工作（例如投资研究与决策、征用土地、勘察设计、建设监理、拆迁补偿、建设单位管理、科学实验、生产职工招募与培训以及投产或使用前必要的准备工作等）三个方面的内容。由于基本建设工作复杂、牵涉面广、周期长、制约因素多，所以必须按一定的程序进行。

基本建设程序是指基本建设的全过程中各项工作必须遵循的先后顺序，它是基本建设全过程中各环节、各步骤之间客观存在的不可破坏的先后顺序，是由基本建设项目本身的特点和客观规律决定的。一个建设项目从计划建设到建成投产，一般要经过决策、设计文件、施工准备、实施及竣工验收五个阶段。

1. 决策阶段

基本建设是为国民经济各部门提供固定资产的。决策阶段即根据国民经济的中长期发展规划进行建设项目的可行性研究，然后编制建设项目的计划任务书，包括建设项目的建议书、可行性研究报告等。

项目建议书是要求建设某一项目的建设文件，项目建议书经批准后，并不说明项目非上不可，只是表明项目可以进行详细的可行性研究工作，它不是项目的最终决策。为了顺利完成项目的前期工作，要求在项目建议书前增加探讨项目阶段，凡是重要的大中型项目都要进行项目探讨，经探讨研究初步可行后，再按项目隶属关系编制项目建议书。

项目建议书的内容，视项目的不同情况而有繁有简，一般应包括以下几个方面：建设项目提出的必要性和依据；产品方案、拟建规模和建设地点的初步设想；资源情况、建设条件、协作关系等的初步分析；投资估算和资金筹措设想；经济效益和社会效益的估计。

项目建议书按要求编制完成后，按照建设总规模和限额的划分审批权限，报批项目建议书。

可行性研究是对项目在技术上是否可行和经济上是否合理进行科学的分析和论证。可行性研究是在项目建议书批准后着手进行的。我国从 20 世纪 80 年代初将可行性研究正式纳入基本建设程序和前期工作计划中，规定大中型项目、利用外资项目、引进技术和设备进口项目都要进行可行性研究。其他项目有条件的也要进行可行性研究。通过对建设项目在技术上、工程上和经济上的合理性进行全面分析论证和多种方案比较，提出评价的意见，写出其可行性报告。凡是经过可行性研究但没有通过的项目，是不能进行下一步工作的。

可行性研究包括以下几个方面的内容：项目提出的背景和依据；项目的建设规模、产品方案、市场预测和确定的依据；技术工艺、主要设备、建设标准；资源、原材料、燃料供应、动力、运输、供水等协作配合条件；项目建设地点、厂区布置方案、占地面积；项目的设计方案，协作配套工程；环保、防震等要求；劳动动员和人员培训；建设工期和实施进度；投资估算和资金筹措方式；经济效益和社会效益。

可行性研究报告经批准后，不得随意修改和变更。经过批准的可行性研究报告是项目进行初步设计的重要依据。

2. 设计文件阶段

设计文件是指工程图及说明书。一般由建设单位通过招标投标或直接委托设计单位编制。编制设计文件时，应根据已批准的可行性研究报告，将建设项目的要求逐步具体化为可用于指导建筑施工的工程图及说明书。对一般不太复杂的中小型项目一般采用两阶段设计（即初步设计阶段和施工图设计阶段）；对重要的、复杂的、大型的项目，经主管部门指定，可采用三阶段设计（即初步设计阶段、技术设计阶段、施工图设计阶段）。

初步设计是对批准的可行性研究报告所提出的内容进行概略的设计，做出初步规定（大型、复杂的项目，还需要绘制建筑透视图或制作建筑模型）。技术设计是在初步设计的基础上，进一步确定建筑、结构、设备、防火、抗震、智能化系统等的技术要求。施工图设计是在前一阶段的基础上进一步形象化、具体化、明确化，完成建筑、结构、设备、工业管道、智能化系统等全部施工图以及设计说明书、结构计算书和施工图设计概预算等。

初步设计由主要投资方组织审批，其中大中型和限额以上的项目要报国家发展和改革委员会、行业归口主管部门备案。初步设计文件经批准后，全厂总平面布置、主要工艺过程、主要设备、建筑面积、建筑结构、总概算一般不能随意修改、变更。

3. 施工准备阶段

建设项目在实施之前必须做好各项准备工作，其主要内容有：进行工地的工程水文地质勘查；收集并提供设计资料及工艺要求；组织设计文件的编审；编报物资申请计划；组织对专用设备和特殊材料的订货；办理征地拆迁手续；落实水、电、路的供应渠道；申请施工执照及签订施工合同等。

4. 实施阶段

实施阶段即根据设计图样进行建筑安装施工，在此期间要使计划、设计、施工三个环节相互衔接；落实好投资、工程内容、施工图、设备材料、施工力量五个方面的问题；施工前要认真做好图纸的会审工作，编制施工图预算和施工组织设计，明确投资、进度、质量的控制要求。施工中要严格按照施工图施工，如需要变动应取得设计单位同意，要坚持合理的施工程序；要严格执行施工验收规范，按照质量检验评定标准进行工程的质量验收，确保工程的质量。使建设工程符合规范和设计要求，保证工程质量，不留隐患、不留尾巴，不合格的工程不得交工。施工单位必须按合同规定的内容全面完成施工任务。

5. 竣工验收阶段

对所有建设项目都应按已批准的设计文件和合同规定的内容建设完成。其中对于生产性项目，经负荷试运转和试生产考核后，应能生产合格产品；对非生产性项目，则要符合设计要求，保证能够正常使用。所有建设项目都要及时组织验收，在办理移交手续后，再交付使用。对于大型联合企业，应分期分批组织验收。凡符合验收条件的工程，若不办理验收手续，其一切费用均不准从基建投资中支付。

二、基市建设项目及其组成

基本建设项目，简称建设项目。凡是按一个总体设计组织施工，建成后具有完整的系统，可以独立地形成生产能力或使用价值的建设工程，称为一个建设项目。在工业建设中，一般以拟建厂矿企业单位为一个建设项目，如一个钢铁厂。在民用建设中，一般以拟建机关事业单位为一个建设项目，如一个学校，一所医院等。进行基本建设的企业或事业单位称为建设单位。建设单位是在行政上独立的组织，独立进行经济核算，可以直接与其他单位建立经济往来关系。

基本建设项目可以从不同的角度进行划分。例如，按建设项目的规模大小可分为大型、中型、小型建设项目；按建设项目的性质可分为新建、扩建、改建和重建项目；按建设项目的投资主体可分为国家投资、地方政府投资、企业投资、三资企业以及各类投资主体联合投资的建设项目；按建设项目的用途可分为生产性建设项目（包括工业、农田水利、交通运输及邮电、商业和物资供应、地质资源勘探等建设项目）和非生产性建设项目（包括住宅、文教、卫生、公用生活服务事业等建设项目）。

一个建设项目，一般可由以下工程内容组成。

1. 单项工程

单项工程是具有独立的设计文件，竣工后可以独立发挥生产能力或效益的工程。一个建设项目，可由一个单项工程组成，也可由若干个单项工程组成。工业建设项目中如各个独立的生产车间、实验大楼等；民用建设项目中如学校的教学楼、宿舍楼等，这些都可以成为一个单项工程，其内容包括建筑工程、设备安装工程以及设备、仪器的购置等。

2. 单位工程

单位工程是具有单独设计文件，可以独立施工，但竣工后不一定能够独立地发挥生产能力或效益的工程。一个单项工程一般由若干个单位工程所组成。例如，一个生产车间，一般由土建工程、工业管道工程、设备安装工程、电气照明工程和给水排水工程等单位工程组成。

3. 分部工程

分部工程是单位工程的组成部分，单位工程中，把性质相近且所用工具、工种、材料大体相同的部分称为一个分部工程。例如，一幢房屋的土建单位工程，按其结构或构造部位，可以划分为基础、主体、屋面、装修等分部工程；按其工种工程可划分为土石方、砌筑、钢筋混凝土、防水、装饰工程等；按其质量检验评定要求可划分为地基与基础、主体、地面与楼面、门窗、装饰、屋面工程等。

4. 分项工程

分项工程是分部工程的组成部分。例如，砖混结构的基础，可以划分为挖土、混凝土垫层、砖砌基础、填土等分项工程；现浇钢筋混凝土框架结构的主体，可以划分为安装模板、绑扎钢筋、浇筑混凝土等分项工程。

基本项目划分示意图如图 1-2 所示。

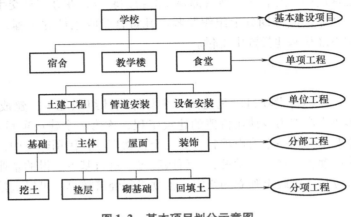

图1-2 基本项目划分示意图

三、建筑施工程序

建筑施工程序是拟建工程项目在整个施工阶段中必须遵循的先后顺序。这个顺序反映了整个施工阶段必须遵循的客观规律，是对多年来施工实践经验的总结，建筑施工程序，从承接施工任务开始到竣工验收为止，一般包括以下几个阶段。

1. 承接施工任务

承接施工任务的主要工作内容包括投标、中标、签订施工合同。施工单位承接任务的方式一般有两种：通过投标或议标承接。除了上述两种承接任务的方式外，还有一些国家重点建设项目由国家或上级主管部门直接下达给施工企业。不论是哪种承接任务，施工单位都要检查其施工项目是否有批准的正式文件，是否列入基本建设年度计划，是否落实投资等。

2. 签订施工合同

承接施工任务后，建设单位与施工单位应根据《中华人民共和国经济合同法》和《建筑安装工程承包合同条例》的有关规定及要求签订施工合同。施工合同应规定承包的内容、要求、工期、质量、造价及材料供应等，明确合同双方应承担的义务和职责以及应完成的施工准备工作。施工合同经双方法人代表签字后具有法律效力，必须共同遵守。

3. 做好施工准备，提出开工报告

签订施工合同后，施工单位应全面了解工程的性质、规模、特点和工期等，并进行现场勘查和技术经济、社会调查，展开施工准备工作。

首先调查收集有关资料，进行现场勘查，熟悉图样，编制施工组织总设计。当施工组织总设计经过批准后，施工单位应组织先遣人员进入施工现场，与建设单位密切配合，共同做好开工前的准备工作，为顺利开工创造条件。抓紧落实的各项施工准备工作有：会审图纸，编制单位工程施工组织设计，落实劳动力、材料、构件、施工机具及现场"三通一平"等。单位工程施工组织设计一般应明确施工方案、施工技术组织措施、施工准备工作计划、施工平面布置、施工进度计划、施工生产要素供给计划，并落实执行施工项目计划的责任人和组织方式。具备开工条件后，提出开工报告并经审查批准，即可正式开工。

4. 组织施工，加强管理

施工阶段是施工管理的重点，所以，施工单位应按照施工组织设计精心施工。一方面，应从施工现场的全局出发，除了按总的全局来指导和安排外，应坚持土建、安装密切配合，并按照拟定的施工组织设计精心组织施工，加强各个单位、各部门的配合与协作，协调解决各方面的问题，使施工活动顺利开展。另一方面，应加强技术、材料、质量、安全、进度等各项管理工作，落实施工单位内部承包的经济责任制，全面做好各项经济核算与管理工作，严格执行各项技术、质量检验制度，抓紧工程收尾和竣工。

对于具体的施工活动，施工管理工作是为落实施工组织设计对施工活动的统一安排而进行的协调、检查、监督、控制等指挥调度工作。在施工过程中，应加强技术、材料、质量、安全、进度等各项管理工作，按照工程项目管理方法，落实施工单位内部承包的经济责任制，全面做好各项经济核算和管理工作，严格执行各项技术、质量检验制度。这一阶段最终应按合同规定完成施工任务，并抓紧工程收尾和竣工工作以及必要的交工准备工作。

5. 竣工验收，交付使用

竣工验收是施工的最后阶段，在竣工验收前，施工企业内部应先进行预验收，检查各分部分项工程的施工质量，整理各项交工验收的技术经济资料。在此基础上，由建设单位或委托监理单位组织竣工验收，经有关部门验收合格后，办理验收签证书，并交付使用。

基本建设程序和建筑施工程序的各个环节之间的关系极为密切，其先后顺序也是非常严格的，没有前一步的工作，后一步工作就不可能进行，但它们之间又是交叉搭接、平行进行的。所以掌握各个建设与施工环节交叉搭接的界限是一个极为重要的问题。应该注意的是，必须反对两种不正确的做法：一种是冒进，不顾客观规律而违反基本建设与施工的程序，把各个环节的工作交叉搭接得超过了客观允许的界限；另一种是等待各种条件自然成熟，而不发挥人的主观能动性，不争取可以争取的时间。这些都是在施工组织工作中必须特别注意的问题。

课题 2 施工组织设计的作用与分类

一、施工组织设计的概念

施工组织设计是指针对拟建的工程项目，在开工前针对工程本身的特点和工地的具体情况，按照工程的要求对所需的施工劳动力、施工材料、施工机械和施工的临时设施，进行科学的计算、精心对比以及合理的安排后，编制出的一套在时间和空间上进行合理施工的战略性的部署文件。施工组织设计是工程施工的组织方案，是指导施工准备和组织施工的全面性的技术经济文件，是现场施工的指导性文件。

二、施工组织设计的作用

施工组织设计是规划和指导拟建工程投标、签订承包合同、施工准备到竣工验收全过程的一个综合性的技术经济文件，它是根据承包组织的需要编制的技术和经济相结合的文件，既解决了技术问题又考虑了经济效果。

施工组织设计是沟通工程设计和施工之间的桥梁，它既要体现基本建设计划和设计的要求，又要符合施工活动的客观规律，对建设项目、单项及单位工程的施工全过程能起到战略部署和战术安排的双重作用。

1）通过编制施工组织设计，可以全面考虑拟建工程的各种具体施工条件，扬长避短地拟定合理的施工方案，确定施工顺序、施工方法和劳动组织，合理地统筹安排并拟定施工进度计划。

2）为拟建工程的设计方案在经济上的合理性、在技术上的科学性和在实施过程上的可能性进行论证并提出依据。

3）为建设单位编制基本建设计划和为施工企业编制施工工作计划及实施施工准备工作计划提供依据。

4）可以把拟建工程的设计与施工、技术与经济、前方与后方和施工企业的全部施工安排与具体工程的施工组织更紧密地结合起来。

5）可以把直接参与的施工单位与协作单位之间、部门与部门之间、阶段与阶段之间、过程与过程之间的关系更好地协调起来。

因此，编制好施工组织设计，按科学的程序来组织施工，建立正常的施工秩序，有计划地开展各项施工活动，及时做好各项施工准备工作，保证劳动力和各种技术物资的供应，协调各施工单位之间、各工种之间、各种资源之间以及平面和空间上的布置和时间上的安排之间的合理关系，可以为保证施工的顺利进行、如期按质按量完成施工的任务、取得良好的施工经济效益起到重要的作用。

三、施工组织设计的分类

施工组织设计根据阶段的不同，可以分为两类：一类是投标前编制的施工组织设计（简称标前设计），另一类是签订工程承包合同后编制的施工组织设计（简称标后设计）。两类施工组织设计的区别见表1-1。

表1-1 标前、标后施工组织设计的不同点

种　　类	服务范围	编制时间	编 制 者	主要特性	目　　标
标前设计	投标与签约	投标前	经营管理层	规划性	中标和经济效益
标后设计	施工准备至验收	签约后开工前	项目管理层	作业性	施工效率和效益

施工组织设计根据编制对象的不同可分为：施工组织设计大纲、施工组织总设计、单项（或单位）工程施工组织设计和分部分项工程施工组织设计。

1. 施工组织设计大纲

施工组织设计大纲是以一个投标工程项目为对象进行编制，用以指导其投标全过程各项实施活动的技术、经济、组织、协调和控制的综合性文件。它是编制工程项目投标书的依据，其目的是中标。主要内容包括：项目概况、施工目标、施工组织和施工方案，以及施工进度、施工质量、施工成本、施工安全、施工环保和施工平面等计划，及其施工风险防范。它是编制施工组织总设计的依据。

2. 施工组织总设计

施工组织总设计是以一个建设项目为对象进行编制，用以指导其建设全过程各项全局性

施工活动的技术、经济、组织、协调和控制的综合性文件。它是经过招投标确定了总承包单位之后，在总承包单位的总工程师主持下，会同建设单位、设计单位和分包单位的相应工程师共同编制。主要内容包括：建设项目概况、施工总目标、施工组织、施工部署和施工方案，以及施工准备工作、施工总进度、施工总质量、施工总成本、施工总安全、施工总资源、施工总环保和施工总设施等计划，以及施工总风险防范、施工总平面和主要技术经济指标。它是编制单项（或单位）工程施工组织设计的依据。

3. 单项（或单位）工程施工组织设计

单项（或单位）工程施工组织设计是以一个单项或其一个单位工程为对象进行编制，用以指导其施工全过程各项施工活动的技术、经济、组织、协调和控制的综合性文件。它是在签订相应工程施工合同之后，在项目经理组织下，由项目工程师负责编制。主要内容包括：工程概况、施工组织和施工方案，以及施工准备工作、施工进度、施工质量、施工成本、施工安全、施工资源、施工环保和施工设施等计划，以及施工风险防范、施工平面布置和主要技术经济指标。它是编制分部（或分项）工程施工组织设计的依据。

4. 分部（或分项）工程施工组织设计

分部（或分项）工程施工组织设计是以一个分部工程或其一个分项工程为对象进行编制，用以指导其各项作业活动的技术、经济、组织、协调和控制的综合性文件。它是在编制单项（或单位）工程施工组织设计的同时，由项目主管技术人员负责编制，结合施工单位的月、旬作业计划，把单位工程施工组织设计进一步具体化，是专业工程的具体施工设计，作为该项目专业工程具体实施的依据。主要内容包括：工程特点、主要施工方法及技术措施、进度计划表、材料和劳动力以及机具的使用计划、质量要求。

课题 3　施工组织设计编制的原则

在组织施工或编制施工组织设计时，应根据建筑施工的特点和以往积累的经验，遵循以下几项原则：

1）贯彻执行国家和当地政府制定的方针、政策及相关的工程施工规范、规定等。

2）按照基本建设施工程序合理安排施工进度，从而保证工期。

3）在选择施工方案时，应贯彻技术与经济统一、科技优先的原则，积极采用合适工程的新技术、新工艺、新材料、新设备，努力为新结构的推行创造条件；施工方案的选择必须进行多方案的比较，比较时应做到实事求是，在多个方案中选择最经济、最合理的，一切从实际出发，以数据来确定方案，但数据一定要准确，结论要有理、有力。

4）不断提高施工技术水平和施工机械化、工厂化、装配化水平，以加快施工进度和提高工程质量；要注意结合工程特点和现场条件，使技术的先进适应性和经济合理性相结合，以确保工程质量和施工安全。

5）发挥专业优势，组织文明施工、科学施工、均衡生产，按经济规律搞好企业管理；防止仅仅追求先进而忽视经济效益的做法；要符合施工验收规范、操作规程的要求和遵守有关防火、保安和环保等规定。

6）尽量利用正式工程的已有设施，以减少各种临时设施；尽量利用当地资源，合理安排运输、装卸与存储作业，减少物资运输量，避免二次搬运；精心进行场地规划布置，节约施工用地，不占或少占农田。

7）必须根据地区条件和构件条件，并通过技术经济比较，恰当地选择预制方案或现场浇筑方案。确定预制方案时，应贯彻工厂预制与现场预制相结合的方针，努力提高建筑工业化的程度，但不能盲目追求装配化程度的提高。

8）要贯彻先进机械、简单机械和改进机械相结合的方针，恰当选择自行装备、租赁机械或机械化分包施工等方式，但不能片面强调提高机械化的程度。

9）制定节约能源和材料的措施。

10）要贯彻"百年大计、质量第一"和"预防为主"的方针，从各方面制定保证质量的措施，预防和控制影响工程质量的各种因素。

11）建立健全的各项安全管理制度，制订安全施工的措施，并在施工过程中经常进行检查和监督。

12）应符合国家环境、水土资源、文物保护及节能的要求。

课题4　建筑产品与施工的特点

建筑产品是指各种建筑物或构造物，它与一般工业产品相比较，不但产品本身，而且在产品的生产过程中都有其独特的特点。

一、建筑产品的特点

1. 建筑产品的固定性

建筑产品在建筑过程中直接与地基基础连接，因此，只能在建造地点固定地使用，而无法转移。这种一经建造就在空间固定的属性，称为建筑产品的固定性。固定性是建筑产品与一般工业产品最大的区别。

2. 建筑产品的庞大性

建筑产品与一般工业产品相比，其体形远比工业产品庞大，自重也大。

3. 建筑产品的多样性

建筑物的使用要求、规模、建筑设计、结构类型等各不相同，即使是同一类型的建筑物，也因所在地点、环境条件的不同而彼此有所不同。因此，建筑产品不能像一般工业产品那样批量生产。

4. 建筑产品的综合性

建筑产品是一个完整的固定资产实物体系，不仅土建工程的艺术风格、建筑功能、结构构造、装饰做法等方面堪称是一种复杂的产品，而且工艺设备、采暖通风、供水供电、卫生设备、智能系统等各类设施错综复杂。

二、建筑施工的特点

1. 建筑施工的流动性

建筑产品的固定性决定了建筑施工的流动性。一般工业产品，生产者和生产设备是固定的，产品在生产线上流动。而建筑产品则相反，产品是固定的，生产者和生产设备不仅要随着建筑物建造地点的变更而流动，而且还要随着建筑物的施工部位的改变而在不同的空间流动。这就要求事先有一个周密的施工组织设计，使流动的人、机、物等互相协调配合，做到连续、均衡的施工。

2. 建筑施工的工期长

建筑产品的庞大性决定了建筑施工的工期长。建筑产品在建造过程中要投入大量的劳动力、材料、机械设备等，因而与一般工业产品相比，其生产周期较长，少则几个月，多则几年。这就要求事先有一个合理的施工组织设计，尽可能地缩短工期。

3. 建筑施工的个别性

建筑产品的多样性决定了建筑施工的个别性。不同的甚至相同的建筑物，在不同的地区、季节及现场条件下，施工准备工作、施工工艺和施工方法等也不尽相同，因此，建筑产品的生产基本上是单个"定做"，这就要求施工组织设计根据每个工程特点、条件等因素制订出可行的施工方案。

4. 建筑施工的复杂性

建筑产品的综合性决定了建筑施工的复杂性。建筑产品是露天、高空作业，甚至有的是地下作业，加上施工的流动性和个别性，必然造成施工的复杂性，这就要求施工组织设计不仅从质量、技术组织方面考虑措施，还要从安全等方面综合考虑施工方案，使建筑工程顺利地进行施工。

课题 5　施工准备工作

一、施工准备工作的意义

施工准备工作是为了保证工程顺利开工和施工活动正常进行而必须事先做好的各项准备工作。现代施工是一项十分复杂的生产活动，它不但需要耗用大量的材料、使用许多机械设备和组织安排各种工人劳动，而且还要处理各种复杂的技术问题和协调各种协作配合关系，所以涉及面广、情况复杂。如果事先缺乏统筹安排和准备的话，势必会造成混乱，使施工无法正常进行。而事先全面细致地做好施工准备工作，对调动各方面的积极因素、合理组织人力及物力、加快施工进度、提高工程质量、节约资金和材料、提高经济效益，都将起到重要的作用。所以，施工准备是施工程序中的重要环节，不仅存在于开工之前，而且贯穿于整个施工过程之中。为了保证工程项目顺利地进行施工，必须做好施工准备工作。

做好施工准备工作具有以下意义。

1. 遵循建筑施工程序

"施工准备"是建筑施工程序的一个重要阶段。现代工程施工是十分复杂的生产活动，其技术规律和社会主义市场经济规律要求工程施工必须严格按照建筑施工程序进行。只有认真做好施工准备工作，才能取得良好的建设效果。

2. 降低施工风险

就工程项目施工的特点而言，其生产受外界干扰及自然因素的影响较大，因而施工中可能遇到的风险就多。只有充分做好施工准备工作，采取预防措施，加强应变能力，才能有效地降低风险损失。

3. 创造工程开工和顺利施工条件

工程项目施工中不仅需要耗用大量的材料，使用许多的机械设备，组织安排各工种人力，涉及广泛的社会关系，而且还要处理各种复杂的技术问题，协调各种配合关系，因而需要通过统筹安排和周密准备，才能使工程顺利开工，开工后能连续顺利地施工且能得到各方面条件的保证。

4. 提高企业经济效益

认真做好工程项目施工准备工作，能调动各方面的积极因素，合理组织资源，加快施工进度，提高工程质量，降低工程的成本，从而提高企业经济效益和社会效益。

实践证明，施工准备工作的好与坏，将直接影响建筑产品生产的全过程。凡是重视和做好施工准备工作，积极为工程项目创造一切有利的施工条件的，则该工程能顺利开工，取得施工的主动权；反之，如果违背施工程序，忽视施工准备工作，或工程仓促开工，必然在工程施工中受到各种矛盾掣肘，处处被动，以致造成重大的经济损失。

二、施工准备工作的分类和内容

1. 施工准备工作的分类

（1）**按工程项目施工准备工作的范围不同分类**　按工程项目施工准备工作的范围不同，一般可分为全场性施工准备、单位工程施工条件准备和分部（项）工程作业条件准备等三种。

全场性施工准备：它是以一个建筑工地为对象而进行的各项施工准备。其特点是它的施工准备工作的目的、内容都是为全场性的施工服务，它不仅要为全场性的施工活动创造有利条件，而且要兼顾单位工程施工条件的准备。

单位工程施工条件准备：它是以一个建筑物或构筑物为对象而进行的施工条件准备工作。其特点是它的准备工作的目的、内容都是为单位工程施工服务的，它不仅为该单位工程在开工前做好一切准备，而且要为分部分项工程做好施工准备工作。

分部分项工程作业条件的准备：它是以一个分部分项工程或冬雨期施工为对象而进行的作业条件准备。

（2）**按拟建工程所处的施工阶段的不同分类**　按拟建工程所处的施工阶段不同，一般可分为开工前的施工准备和各施工阶段前的施工准备等两种。

开工前的施工准备：它是在拟建工程正式开工之前所进行的一切施工准备工作。其目的是为拟建工程正式开工创造必要的施工条件。它既可能是全场性的施工准备，又可能是单位工程施工条件的准备。

各施工阶段前的施工准备：它是在拟建工程开工之后，每个施工阶段正式开工之前所进行的一切施工准备工作。其目的是为施工阶段正式开工创造必要的施工条件。如混合结构的民用住宅的施工，一般可分为地下工程、主体工程、装饰工程和屋面工程等施工阶段，每个施工阶段的施工内容不同，所需要的技术条件、物资条件、组织要求和现场布置等方面也不同，因此在每个施工阶段开工之前，都必须做好相应的施工准备工作。

综上所述，可以看出：不仅在拟建工程开工之前要做好施工准备工作，而且随着工程施工的进展，在各施工阶段开工之前也要做好施工准备工作。施工准备工作既要有阶段性，又要有连贯性，因此施工准备工作必须有计划、有步骤、分期和分阶段进行，要贯穿拟建工程整个生产过程。

2. 施工准备工作的内容

工程项目施工准备工作按其性质及内容，通常包括技术准备、物资准备、劳动组织准备、施工现场准备和施工场外准备。

（1）技术准备 技术准备是施工准备的核心。由于任何技术的差错或隐患都可能引起人身安全和质量事故，造成生命、财产和经济的巨大损失。因此必须认真地做好技术准备工作。其具体有如下内容：

1）熟悉、审查施工图和有关的设计资料：建设单位和设计单位提供的初步设计或扩大初步设计（技术设计）、施工图设计、建筑总平面、土方竖向设计和城市规划等资料文件；调查、搜集的原始资料；设计、施工验收规范和有关技术规定。

其目的是能够按照设计图的要求顺利地进行施工，生产出符合设计要求的最终建筑产品（建筑物或构筑物）；能够在拟建工程开工之前，使从事建筑施工技术和经营管理的工程技术人员充分地了解和掌握设计图的设计意图、结构与构造特点和技术要求；通过审查发现设计图中存在的问题和错误，使其改正在施工开始之前，为拟建工程的施工提供一份准确、齐全的设计图。

熟悉、审查设计图的内容包括：

① 审查拟建工程的地点、建筑总平面图同国家、城市或地区规划是否一致，以及建筑物或构筑物的设计功能和使用要求是否符合卫生、防火及美化城市方面的要求。

② 审查设计图是否完整、齐全，以及设计图和资料是否符合国家有关工程建设的设计、施工方面的方针和政策。

③ 审查设计图与说明书在内容上是否一致，以及设计图及其各组成部分之间有无矛盾和错误。

④ 审查建筑总平面图与其他结构图在几何尺寸、坐标、标高、说明等方面是否一致，技术要求是否正确。

⑤ 审查工业项目的生产工艺流程和技术要求，掌握配套投产的先后次序和相互关系，以及设备安装图与其相配合的土建施工图在坐标、标高上是否一致，掌握土建施工质量是否满足设备安装的要求。

⑥ 审查地基处理与基础设计同拟建工程地点的工程水文、地质等条件是否一致，以及建筑物或构筑物与地下建筑物或构筑物、管线之间的关系。

⑦ 明确拟建工程的结构形式和特点，复核主要承重结构的强度、刚度和稳定性是否满足要求，审查设计图中的工程复杂、施工难度大和技术要求高的分部分项工程或新结构、新材料、新工艺，检查现有施工技术水平和管理水平能否满足工期和质量要求并采取可行的技术措施加以保证。

⑧ 明确建设期限、分期分批投产或交付使用的顺序和时间，以及工程所用的主要材料、设备的数量、规格、来源和供货日期；明确建设、设计和施工等单位之间的协作、配合关系，以及建设单位可以提供的施工条件。

熟悉、审查设计图的程序通常分为自审阶段、会审阶段和现场签证等三个阶段。

设计图的自审阶段。施工单位收到拟建工程的设计图和有关技术文件后，应尽快地组织相关工程技术人员熟悉和自审图纸，写出自审图纸的记录。自审图纸的记录应包括对设计图的疑问和对设计图的有关建议。

设计图的会审阶段。一般由建设单位主持，由设计单位和施工单位参加，三方进行设计图的会审。图纸会审时，首先由设计单位的工程主设计人向与会者说明拟建工程的设计依据、意图和功能要求，并对特殊结构、新材料、新工艺和新技术提出设计要求；然后施工单位根据自审记录以及对设计意图的了解，提出对设计图的疑问和建议；最后在统一认识的基础上，对所探讨的问题逐一地做好记录，形成"图纸会审纪要"，由建设单位正式行文，参加单位共同会签、盖章，作为与设计文件同时使用的技术文件和指导施工的依据，以及建设单位与施工单位进行工程结算的依据。

设计图的现场签证阶段。在拟建工程施工的过程中，如果发现施工的条件与设计图的条件不符，或者发现图样中仍然有错误，或者因为材料的规格、质量不能满足设计要求，或者因为施工单位提出了合理化建议，需要对设计图进行及时修订时，应遵循技术核定和设计变更的签证制度，进行图样的施工现场签证。如果设计变更的内容对拟建工程的规模、投资影响较大时，要报请项目的原批准单位批准。在施工现场的图样修改、技术核定和设计变更资料，都要有正式的文字记录，归入拟建工程施工档案，作为指导施工、竣工验收和工程结算的依据。

2）原始资料的调查分析。原始资料的调查分析是为了做好施工准备工作，除了要掌握有关拟建工程的书面资料外，还应该进行拟建工程的实地勘测和调查，获得有关数据的第一手资料，这对于拟定一个先进合理、切合实际的施工组织设计是非常必要的，因此应该做好以下几个方面的调查分析：

第一，自然条件的调查分析。建设地区自然条件的调查分析的主要内容有地区水准点和绝对标高等情况；地质构造、土的性质和类别、地基土的承载力、地震级别和裂度等情况；河流流量和水质、最高洪水和枯水期的水位等情况；地下水位的高低变化情况；含水层的厚度、流向、流量和水质等情况；气温、雨、雪、风和雷电等情况；土的冻结深度和冬、雨季的期限等情况。

第二，技术经济条件的调查分析。建设地区技术经济条件的调查分析的主要内容有：地方建筑施工企业的状况和施工现场的动迁状况；当地可利用的地方材料状况和国拨材料供应状况；地方能源和交通运输状况；地方劳动力和技术水平状况；当地生活供应、教育和医疗卫生状况；当地消防、治安状况和参加施工单位的力量状况。

3）编制施工图预算和施工预算。

① 编制施工图预算。施工图预算是技术准备工作的主要组成部分之一，这是按照施工图确定的工程量、施工组织设计所拟定的施工方法、建筑工程预算定额及其取费标准，由施工单位编制的确定建筑安装工程造价的经济文件，它是施工企业签订工程承包合同、工程结算、建设银行拨付工程价款、进行成本核算、加强经营管理等方面工作的重要依据。

② 编制施工预算。施工预算是根据施工图预算、施工图、施工组织设计或施工方案、施工定额等文件进行编制的，它直接受施工图预算的控制。它是施工企业内部控制各项成本支出、考核用工、"两算"对比、签发施工任务单、限额领料、基层进行经济核算的依据。

4）编制施工组织设计。施工组织设计是施工准备工作的重要组成部分，也是指导施工现场全部生产活动的技术经济文件。建筑施工生产活动的全过程是非常复杂的物质财富再创造的过程，为了正确处理人与物、主体与辅助、工艺与设备、专业与协作、供应与消耗、生产与储存、使用与维修以及它们在空间布置、时间排列之间的关系，必须根据拟建工程的规模、结构特点和建设单位的要求，在原始资料调查分析的基础上，编制出一份能切实指导该工程全部施工活动的科学方案（施工组织设计）。

（2）物资准备　材料、构（配）件、制品、机具和设备是保证施工顺利进行的物资基础，这些物资的准备工作必须在工程开工之前完成。根据各种物资的需要量计划，分别落实货源，安排运输和储备，使其满足连续施工的要求。

1）物资准备工作的内容。物资准备工作主要包括建筑材料的准备；构（配）件和制品的加工准备；建筑安装机具的准备和生产工艺设备的准备。

① 建筑材料的准备。建筑材料的准备主要是根据施工预算进行分析，按照施工进度计划要求，按材料名称、规格、使用情况、材料储备定额和消耗定额进行汇总，编制出材料需要量计划，为组织备料、确定仓库、场地堆放所需的面积和组织运输等提供依据。

② 构（配）件、制品的加工准备。根据施工预算提供的构（配）件、制品的名称、规格、质量和消耗量，确定加工方案和供应渠道以及进场后的储存地点和方式，编制出其需要量计划，为组织运输、确定堆场面积等提供依据。

③ 建筑安装机具的准备。根据采用的施工方案，安排施工进度，确定施工机械的类型、数量和进场时间，确定施工机具的供应办法和进场后的存放地点和方式，编制建筑安装机具的需要量计划，为组织运输，确定堆场面积等提供依据。

④ 生产工艺设备的准备。按照拟建工程生产工艺流程及工艺设备的布置图，提出工艺设备的名称、型号、生产能力和需要量，确定分期分批进场时间和保管方式，编制工艺设备需要量计划，为组织运输，确定堆场面积提供依据。

2）物资准备工作的程序。物资准备工作的程序是搞好物资准备的重要手段。物资准备工作通常按如下程序进行：

① 根据施工预算、分部（项）工程施工方法和施工进度的安排，拟定的国拨材料、统配材料、地方材料、构（配）件及制品、施工机具和工艺设备等物资的需要量计划。

② 根据各种物资需要量计划，组织货源，确定加工、供应地点和供应方式，签订物资供应合同。

③ 根据各种物资的需要量计划和合同，拟定运输计划和运输方案。

④ 按照施工总平面图的要求，组织物资按计划时间进场，在指定地点，按规定方式进行储存或堆放。

（3）劳动组织准备　劳动组织准备的范围既有整个建筑施工企业的劳动组织准备，又有大型综合的拟建建设项目的劳动组织准备，也有小型简单的拟建单位工程的劳动组织准备。这里仅以一个拟建工程项目为例，说明其劳动组织准备工作的内容如下：

1）建立拟建工程项目的领导机构。施工组织机构的建立应遵循以下的原则：根据拟建工程项目的规模、结构特点和复杂程度，确定拟建工程项目施工的领导机构人选和名额；坚持合理分工与密切协作相结合；把有施工经验、有创新精神、有工作效率的人选入领导机构；认真执行因事设职、因职选人的原则。

2）建立精干的施工队组。施工队组的建立要认真考虑专业、工种的合理配合，技工、普工的比例要满足合理的劳动组织，要符合流水施工组织方式的要求，确定建立施工队组（是专业施工队组还是混合施工队组），要坚持合理、精干的原则；同时制订出该工程的劳动力需要量计划。

　　3）集结施工力量、组织劳动力进场。工地的领导机构确定之后，按照开工日期和劳动力需要量计划，组织劳动力进场。同时要进行安全、防火和文明施工等方面的教育，并安排好职工的生活。

　　4）向施工队组、工人进行施工组织设计、计划和技术交底。

　　① 施工组织设计、计划和技术交底的目的是把拟建工程的设计内容、施工计划和施工技术等要求，详尽地向施工队组和工人讲解交代。这是落实计划和技术责任制的好办法。

　　② 施工组织设计、计划和技术交底在单位工程或分部分项工程开工前及时进行，以保证工程严格地按照设计图、施工组织设计、安全操作规程和施工验收规范等要求进行施工。

　　③ 施工组织设计、计划和技术交底的内容有工程的施工进度计划、月（旬）作业计划；施工工艺、质量标准、安全技术措施、降低成本措施和施工验收规范的要求；新结构、新材料、新技术和新工艺的实施方案和保证措施；图纸会审中所确定的有关部位的设计变更和技术核定等事项。

　　交底工作应该按照管理系统逐级进行，由上而下直到工人队组。交底的方式有书面形式、口头形式和现场示范形式等。

　　队组、工人接受施工组织设计、计划和技术交底后，要组织其成员进行认真的分析研究，弄清关键部位、质量标准、安全措施和操作要领。必要时应该进行示范，并明确任务及做好分工协作，同时建立健全岗位责任制和保证措施。

　　5）建立健全各项管理制度。工地的各项管理制度是否建立、健全，直接影响其各项施工活动的顺利进行。有章不循其后果是严重的，而无章可循更是危险的。为此必须建立、健全工地的各项管理制度。一般内容如下：

　　① 工程质量检查与验收制度。

　　② 工程技术档案管理制度。

　　③ 建筑材料（构件、配件、制品）的检查验收制度。

　　④ 技术责任制度。

　　⑤ 施工图学习与会审制度。

　　⑥ 技术交底制度。

　　⑦ 职工考勤、考核制度。

　　⑧ 工地及班组经济核算制度。

　　⑨ 材料出入库制度；安全操作制度。

　　⑩ 机具使用保养制度。

　　(4) 施工现场准备　施工现场是施工的全体参加者为夺取优质、高速、低消耗的目标，而有节奏、均衡连续地进行战术决战的活动空间。施工现场的准备工作，主要是为了给拟建工程的施工创造有利的施工条件和物资保证。其具体内容如下：

　　1）做好施工场地的控制网测量。按照设计单位提供的建筑总平面图及给定的永久性经纬坐标控制网和水准控制基桩，进行厂区施工测量，设置厂区的永久性经纬坐标桩、水准基桩和建立厂区工程测量控制网。

　　2）做好"四通一平"工作。"四通一平"是指路通、水通、电通、通信和平整场地。

　　其中，路通指的是施工现场的道路畅通。施工现场的道路是组织物资运输的动脉。拟建工程开工前，必须按照施工总平面图的要求，修好施工现场的永久性道路（包括厂区铁路、厂区公路）以及必要的临时性道路，形成完整畅通的运输网络，为建筑材料进场、堆放创造有利条件。

　　水通指的是施工现场的临时用水的畅通。水是施工现场的生产和生活不可缺少的。拟建工程开工之前，必须按照施工总平面图的要求，接通施工用水和生活用水的管线，使其尽可能与永久性的给水系统结合起来，做好地面排水系统，为施工创造良好的环境。在确保用水通畅后，为全面做好施工准备工作，还要确定供水数量。

　　① 现场施工用水量可按下式计算

$$q_1 = K_1 \sum \frac{Q_1 N_1}{T_1 t} \frac{K_2}{8 \times 3600} \qquad (1\text{-}1)$$

式中　q_1——施工用水量（L/s）；

　　　K_1——未预计的施工用水系数（1.05 ~ 1.15）；

　　　Q_1——年（季）度的工程量（以实物计量单位表示）；

　　　N_1——施工用水定额；

　　　T_1——年（季）度的有效作业日（d）；

　　　t——每天工作班数（班）；

　　　K_2——用水不均衡系数（现场施工用水 K_2 为 1.5；附属生产企业用水 K_2 为 1.25）。

　　② 施工机械用水量可按下式计算

$$q_2 = K_1 \sum Q_2 N_2 \frac{K_3}{8 \times 3600} \qquad (1\text{-}2)$$

式中　q_2——机械用水量（L/s）；

　　　K_1——未预计的施工用水系数（1.05 ~ 1.15）；

　　　Q_2——同一种机械台数（台）；

　　　N_2——施工机械台班用水定额；

　　　K_3——施工机械用水不均衡系数（施工机械、运输机械 K_3 为 2.00；动力设备 K_3 为 1.05 ~ 1.10）。

　　③ 施工现场生活用水量可按下式计算

$$q_3 = \frac{P_1 N_3 K_4}{t \times 8 \times 3600} \qquad (1\text{-}3)$$

式中　q_3——施工现场生活用水量（L/s）；

　　　P_1——施工现场高峰昼夜人数（人）；

　　　N_3——施工现场生活用水定额（一般为 20 ~ 60L/（人·班），主要需视当地气候而定）；

　　　K_4——施工现场生活用水不均衡系数（1.30 ~ 1.50）；

　　　t——每天工作班数（班）。

　　④ 生活区生活用水量可按下式计算

$$q_4 = \frac{P_2 N_4 K_5}{24 \times 3600} \qquad (1\text{-}4)$$

式中　q_4——生活区生活用水（L/s）；

P_2——生活区居民人数（人）；

N_4——生活区昼夜全部生活用水定额；

K_5——生活区生活用水不均衡系数（2.00~2.50）。

⑤ 消防用水量 q_5，见表1-2。

表1-2 消防用水量 q_5

序　号	用水名称	火灾同时发生次数	单　位	用水量
1	居民区消防用水 5000 人以内 10000 人以内 25000 人以内	一次 二次 二次	L/s L/s L/s	10 10~15 15~20
2	施工现场消防用水 施工现场在 25ha 内 每增加 25ha		L/s L/s	10~15 5

⑥ 总用水量 Q 计算为

当 $(q_1 + q_2 + q_3 + q_4) \leqslant q_5$ 时，则 $Q = q_5 + \dfrac{1}{2}(q_1 + q_2 + q_3 + q_4)$。

当 $(q_1 + q_2 + q_3 + q_4) > q_5$ 时，则 $Q = q_1 + q_2 + q_3 + q_4$。

电通指的是施工现场的临时用电的畅通。电是施工现场的主要动力来源。拟建工程开工前，要按照施工组织设计的要求，接通电力和电信设施，做好其他能源（如蒸汽、压缩空气）的供应，确保施工现场动力设备和通信设备的正常运行。同时，还要确定供电的数量。

建筑工地临时用电，包括动力用电与照明用电两种，在计算用电量时，从下列各点考虑：

a. 全工地所使用的机械动力设备，其他电气工具及照明用电的数量。

b. 施工总进度计划中施工高峰阶段同时用电的机械设备最高数量。

c. 各种机械设备在工作中需用的情况。

总用电量可按以下公式计算

$$P = 1.05 \sim 1.10 \left(K_1 \frac{\sum P_1}{\cos\varphi} + K_2 \sum P_2 + K_3 \sum P_3 + K_4 \sum P_4 \right) \tag{1-5}$$

式中　　　　P——供电设备总需要容量（kV·A）；

　　　　　　P_1——电动机额定功率（kW）；

　　　　　　P_2——电焊机额定容量（kV·A）；

　　　　　　P_3——室内照明容量（kW）；

　　　　　　P_4——室外照明容量（kW）；

　　　　$\cos\varphi$——电动机的平均功率因数（在施工现场最高为 0.75~0.78，一般为 0.65~0.75）；

K_1、K_2、K_3、K_4——需要系数（$K_1 = 0.5 \sim 0.7$；$K_2 = 0.5 \sim 0.6$；$K_3 = 0.8$；$K_4 = 1.0$）。

在施工准备工作中，要确保通信畅通。施工通信设施分为有线通信设施和无线通信设施。其中，有线通信设施有：有线电话、闭路电视、计算机网络、有线广播等，其优缺点及适用范围见表1-3。

表1-3 有线通信设施的优缺点及适用范围

序 号	通信名称	优 点	缺 点	适用范围
1	有线电话	方便、快捷、经济	受线路限制	线路方便
2	闭路电视	清晰	设备复杂、费用高	工期长、大型工程
3	计算机网络	有信息留存功能	设备复杂、费用高	工期长、大型工程
4	有线广播	简单、轻便、经济	扰乱	独立工地

无线通信设施有手机、传呼机、对讲机等，其优缺点及适用范围见表1-4。

表1-4 无线通信设施的优缺点及适用范围

序 号	通信名称	优 点	缺 点	适用范围
1	手机	快捷	受网络影响	城市型工程
2	传呼机	经济	受网络影响	有网络地区工程
3	对讲机	方便、经济	受干扰	一般工程、大工程

平整场地指的是按照建筑施工总平面图的要求，首先拆除场地上妨碍施工的建筑物或构筑物，然后根据建筑总平面图规定的标高和土方竖向设计图，进行挖（填）土方的工程量计算，确定平整场地的施工方案，进行平整场地的工作。

3）做好施工现场的补充勘探。对施工现场做补充勘探是为了进一步寻找枯井、防空洞、古墓、地下管道、暗沟和枯树根等隐蔽物，以便及时拟定处理隐蔽物的方案并实施，为基础工程施工创造有利条件。

4）建造临时设施。按照施工总平面图的布置，建造临时设施，为正式开工准备好生产、办公、生活、居住和储存等临时用房。

5）安装、调试施工机具。按照施工机具需要量计划，组织施工机具进场，根据施工总平面图将施工机具安置在规定的地点或仓库。对于固定的机具要进行就位、搭棚、接电源、保养和调试等工作。对所有施工机具都必须在开工之前进行检查和试运转。

6）做好建筑构（配）件、制品和材料的储存和堆放。按照建筑材料、构（配）件和制品的需要量计划组织进场，根据施工总平面图规定的地点和指定的方式进行储存和堆放。

7）及时提供建筑材料的试验申请计划。按照建筑材料的需要量计划，及时提供建筑材料的试验申请计划。如钢材的力学性能和化学成分等试验；混凝土或砂浆的配合比和强度等试验。

8）做好冬雨期施工安排。按照施工组织设计的要求，落实冬雨季施工的临时设施和技术措施。

9）进行新技术项目的试制和试验。按照设计图和施工组织设计的要求，认真进行新技术项目的试制和试验。

10）设置消防、保安设施。按照施工组织设计的要求，根据施工总平面图的布置，建立消防、保安等组织机构和有关的规章制度，布置安排好消防、保安等措施。

（5）施工的场外准备　施工准备除了施工现场内部的准备工作外，还有施工现场外部的准备工作。其具体内容如下：

1）材料的加工和订货。建筑材料、构（配）件和建筑制品大部分均必须外购，工艺设备更是如此。如何与加工部、生产单位联系，签订供货合同，做好及时供应工作，对于施工企业的正常生产非常重要；对于协作项目也是这样，除了要签订议定书之外，还必须做大量的相关工作。

2）分包工作和签订分包合同。由于施工单位本身的力量所限，有些专业工程的施工、安装和运输等均需要向外单位委托。根据工程量、完成日期、工程质量和工程造价等内容，与其他单位签订分包合同，保证按时实施。

3）向上级提交开工申请报告。当做好材料的加工和订货及分包工作和签订分包合同等施工场外的准备工作后，应该及时地填写开工申请报告，并上报上级批准。

三、施工准备工作计划

为了落实各项施工准备工作，加强对其检查和监督，必须根据各项施工准备工作的内容、时间和人员，编制出施工准备工作计划。

综上所述，各项施工准备工作不是分离的、孤立的，而是互为补充、相互配合的。为了提高施工准备工作的质量、加快施工准备工作的速度，必须加强建设单位、设计单位和施工单位之间的协调工作，建立健全施工准备工作的责任制度和检查制度，使施工准备工作有领导、有组织、有计划和分期分批地进行，贯穿施工全过程。

单元小结

基本建设是国民经济各个部门为了扩大再生产而进行的增加固定资产的建设工作。基本建设项目，又简称建设项目。一个建设项目，按其复杂程度，一般可由单项工程、单位工程、分部工程、分项工程组成；基本建设程序划分为决策、设计、施工准备、实施及竣工验收五个阶段，这也是建筑施工必须遵循的一条原则。

施工程序可以划分为签订合同、搞好施工规划、做好施工准备、精心组织施工、工程交工验收五个步骤。它是拟建工程项目在整个施工阶段必须遵循的客观规律，反映了施工过程中各项工作必须遵循的先后顺序。

施工组织设计可以划分为两类：一类是投标前编制的施工组织设计，简称标前设计；另一类是签订工程承包合同后编制的施工组织设计，简称标后设计，标后设计又可以分为施工组织总设计、单位工程施工组织设计和分部（分项）工程作业计划三类。

施工准备工作按其规模及范围分为施工总准备、单位工程施工条件准备、分部（分项）工程作业条件准备；按拟建工程所处的施工阶段分为工程作业条件的施工准备、开工前施工准备。

内业准备工作即技术资料的准备，外业准备工作即施工现场的准备。

"四通一平"指路通、水通、电通、通信和场地平整，即修通场区主要运输干道和接通场地用电线路、供水管网和通信网络畅通。

复习思考题

1-1　基本建设是指（　　　　　　）各部门为了扩大再生产而进行的增加（　　　　）的建设工作。

1-2　一个建设项目从计划建设到建成投产，一般要经过（　　　）阶段、（　　　）阶段、（　　　　）阶段、（　　　　）阶段和（　　　　　）阶段。

1-3　基本建设的项目组成包括（　　　　）、（　　　　）、（　　　　）和（　　　）。

1-4　请叙述施工组织设计的概念及分类。

1-5　施工组织设计的作用是什么？

1-6　施工的准备工作包括什么？

1-7　用思维导图的形式表达你对建筑产品及其施工特点的理解。

1-8　用思维导图的形式描述施工的准备工作。

单元 2

流水施工与网络计划

单元概述

　　本单元介绍了建筑工程流水施工的基本知识、组织施工的三种方式、流水施工的组织要点及主要参数、流水施工的分类与组织方法，还介绍了建筑工程网络计划基本知识、网络计划的基本概念、双代号网络图的绘制与时间参数的计算、时标网络计划。

学习目标

　　了解流水施工的组织要点和流水施工的主要参数，学会用一般横道图及网络图组织流水施工。

课题 1　建筑工程流水施工

　　流水施工是一种科学的生产组织方式，它来源于工业生产中的流水作业。经验证明，组织流水施工可以充分地利用时间和空间，使施工连续、均衡、有节奏地进行，从而提高劳动生产率，缩短工期，节省施工费用，降低工程成本。

一、流水施工的基本概念

　　建筑产品的生产是一个复杂的过程。对于不同的建筑工程，由于其规模、平面形式、结构特点及施工条件等因素的不同，每个建筑工程的施工组织方法也各有不同。

1. 组织施工的三种方式

　　根据建筑产品的特点，建筑施工组织可采用多种形式。通常采用的组织方式有顺序施工、平行施工、流水施工三种。

　　例如，现浇三个同类型的钢筋混凝土构件，每个构件由三个施工过程组成，即支模板、绑钢筋、浇筑混凝土。如果完成每个施工过程的时间均为1d，完成上述施工任务，按三种方式组织施工，其施工特点和经济效果对比分析如下。

　　（1）顺序施工　顺序施工也叫依次施工，即在一个施工段（施工构件）的各施工过程全部完成后，再进行下一个施工段的施工，这样按顺序地完成每个施工段；顺序施工还可按一定的施工顺序，在完成各段的前一个施工过程后，再开始后一个施工过程。顺序施工的施工进度计划如图2-1、图2-2所示。

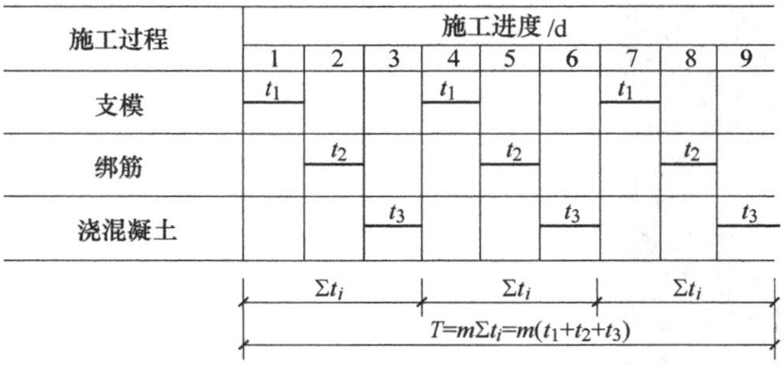

施工过程	施工进度 /d								
	1	2	3	4	5	6	7	8	9
支模	t_1			t_1			t_1		
绑筋		t_2			t_2			t_2	
浇混凝土			t_3			t_3			t_3

$$\sum t_i \qquad \sum t_i \qquad \sum t_i$$
$$T = m\sum t_i = m(t_1 + t_2 + t_3)$$

图 2-1　按施工段（构件）进行的顺序施工

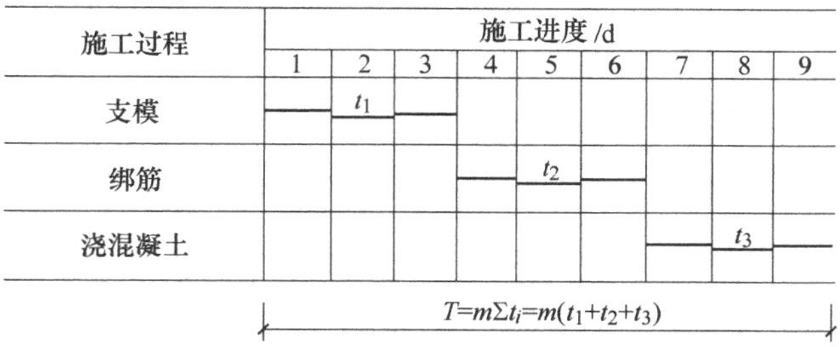

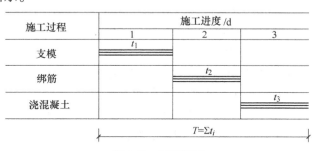

图 2-2 按施工过程进行的顺序施工

图 2-1 和图 2-2 中用 t_i（$i=1，2，3，\cdots，n$）表示每个施工过程在一个构件上完成施工所需要的时间，则完成一个构件所需的时间为 $\sum t_i$，完成 m 个构件所需总时间为 $T = m\sum t_i$，其中 T 为流水施工工期。

由图 2-1 和图 2-2 可以看出顺序施工这种组织方式具有以下几个特点：

1）工期长，若每个构件的生产时间需要 3d，则生产 3 个构件所需时间为 9d。

2）从按施工段进行的顺序施工的组织方式可以看出，各专业班组不能连续施工，会产生窝工现象；同时工作面轮流闲置，不能连续使用。

3）从按施工过程进行的顺序施工的组织方式可以看出，各班组虽能连续施工，但工作面使用不充分。

4）单位时间内投入的资源（人力、物力、财力）较少，所以施工现场的组织管理工作较为简单。

顺序施工这种组织方式适用于工作面小、规模小、工期要求不是很紧的工程。

（2）平行施工 平行施工是各施工过程同时开工且同时完工的一种组织方式，其施工进度计划如图 2-3 所示。

施工过程	施工进度 /d		
	1	2	3
支模	t_1		
绑筋		t_2	
浇混凝土			t_3
	$T=\sum t_i$		

图 2-3 平行施工

由图 2-3 可以看出，平行施工这种组织方式具有以下几个特点：

1）工期短，生产全部构件所需时间与生产一个构件所需时间相同。

2）工作面能充分利用，空间使用连续。

3）单位时间内施工班组、机具、设备需要量成倍增加，所以施工现场管理复杂。

平行施工这种组织方式适用于工期要求紧的工程及大规模建筑群的施工。

（3）流水施工 流水施工是将工程对象划分为若干个施工过程，不同施工过程的施工班组按一定的顺序和时间间隔依次投入施工，并且连续、均衡、有节奏地从一个施工段转移到另一个施工段，不同施工过程之间尽可能平行搭接施工的一种组织方式。流水施工的施工进度计划如图 2-4 所示。

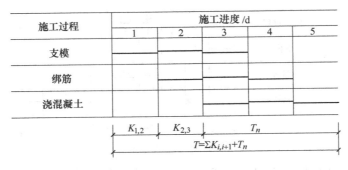

图 2-4 流水施工

图中，$K_{1,2}$ 为支模板和绑扎钢筋两个施工过程之间开始施工的间隔时间，$K_{2,3}$ 为绑扎钢筋和浇筑混凝土两个施工过程之间开始施工的间隔时间，T_n 为最后一个施工过程总的施工时间。

从图 2-4 可以看出，流水施工这种组织方式具有以下几个特点：

1) 流水施工的组织方式，吸收了顺序施工和平行施工的优点，工期比较合理，比平行施工长，但比顺序施工短。

2) 各专业班组均能连续作业，无窝工现象。

3) 各施工段上始终有不同专业的班组连续作业，工作面使用充分。

4) 单位时间内对人力、物力、材料等资源需要量要求比较均衡，便于施工现场的管理。

2. 流水施工的经济效果

采用流水施工的组织方式，可以统筹考虑工艺上的划分、时间上的安排和空间上的布置，使劳动力得以合理利用，使施工生产连续而均衡地进行，同时也带来了较好的经济效益，具体表现在以下几个方面。

（1）科学地安排施工进度以缩短工期　采用流水施工，各施工过程可连续均衡地进行，消除了各专业班组施工后的等待时间，并充分利用了空间，在一定条件下相邻两施工过程还可以互相搭接，因而可以有效地缩短工期。

（2）提高劳动生产率　工作班组实行了生产专业化，为工人提高技术水平、改进操作方法创造了有利条件，因而促进了劳动生产率的提高。

（3）资源供应均衡　由于施工过程能连续均衡地进行，使得在资源的使用上也是连续均衡的，这种均衡性有利于资源的采购、组织、存储、供应等工作，充分发挥管理水平，降低工程成本，提高经济效益。

3. 流水施工的组织要点

（1）划分施工过程　首先根据工程特点和施工要求，将拟建工程划分为若干个分部工程；再按工艺要求、工程量大小及施工班组情况，将各分部工程划分为若干个施工过程。

（2）划分施工段　根据组织流水施工的需要，将拟建工程尽可能划分为劳动量大致相等的若干个施工区段，即施工段。

（3）每个施工过程组织独立的班组　在一个流水班组中，每个施工过程尽可能组织独立的施工班组，使每个施工过程按一定的施工顺序且依次、连续、均衡地从一个施工段转移到另一个施工段进行相同的操作。

（4）确定流水节拍　根据各施工段劳动量的大小及施工班组人数或施工机械数量，确定各专业班组在各施工段上的作业时间（即流水节拍），再据此确定相邻班组相继投入施工的间隔时间。

（5）主要施工过程的施工必须连续均衡　主要施工过程是指工程量大、施工时间较长的施工过程。对于主要施工过程，必须连续均衡地施工；对于次要施工过程，可考虑与相邻的施工过程合并，或考虑进行间断施工，以缩短工期。

（6）不同施工过程之间尽可能组织平行搭接施工　确定各施工过程之间合理的顺序关系，在工作面及相关条件允许的情况下，除必要的间歇时间外，使不同专业班组完成作业的时间尽可能相互搭接起来，以达到缩短总工期的目的。

二、流水施工的主要参数

在组织流水施工时，用以描述流水施工在工艺流程、空间布置和时间安排等方面的特征和各种数量关系的参数，称为流水施工参数。根据其性质和作用的不同，施工参数可分为工艺参数、时间参数和空间参数三种。

1. 工艺参数

工艺参数是指组织流水施工时用以表达施工工艺上的展开顺序及其特征的参数，包括施工过程数和流水强度两个参数。

（1）施工过程数　施工过程数是指一组流水的施工过程的个数，用符号 n 表示。

施工过程可以是一道工序，也可以是一个分部分项工程。施工过程数目划分的多少、粗细程度一般要在对下列几个因素综合考虑后确定。

1）施工计划的性质和作用。对控制性进度计划，其施工过程可划分得粗略一些、综合性大一些，如建筑群的流水施工可划分为基础工程、主体工程、屋面工程及装修工程等几个施工过程。对实施性、指导性的进度计划，其施工过程则应划分得较详细、具体，一般划分至分项工程，如砖混结构主体工程可划分为墙体砌筑和现浇楼板两个施工过程，对月度、旬度作业计划，有些施工过程还可分解为工序，如现浇楼板还可划分为支模板、绑扎钢筋、浇筑混凝土等几个施工过程。

2）施工方案与工程结构。不同的施工方案和工程结构也会影响施工过程的划分。例如，厂房的柱基础与设备基础挖土，若采用敞开式施工，可合并为一个施工过程；如采用封闭式施工，则可分为两个施工过程。砖混结构、框架结构等不同的结构体系，施工过程的划分也各不相同。

3）劳动组织形式和劳动量大小。施工过程的划分与施工班组的形式及施工习惯有关。有些施工过程可组织混合班组或单一班组进行施工，如安装玻璃、油漆施工可合可分。对劳动量较小的施工过程，当组织流水施工有困难时，可与相邻的其他施工过程合并，并按一个施工过程对待，如基础工程施工中，垫层施工的劳动量较小，则可与挖土合并为一个施工过程。对混凝土工程，当劳动量较小时，可组织混合班组进行施工，按一个施工过程对待；当劳动量较大时，可分为支模板、绑扎钢筋、浇筑混凝土三个施工过程，并组织专业的班组进行施工。

4）劳动内容与范围。在流水施工中，直接在施工现场和工程对象上进行的劳动内容，由于其占用了施工时间，一般划入流水施工过程，如墙体砌筑、现浇楼板、墙面抹灰等施工过程。而场外劳动内容可以不划入流水施工过程，如构件的预制加工与运输等。

（2）流水强度　某一施工过程在单位时间内所完成的工程量，称为流水强度，也称为流水能力或生产能力，用 V_i 表示。流水强度可分为机械操作流水强度和人工操作流水强度。

1）机械操作流水强度，按式（2-1）计算。

$$V_i = \sum_{i=1}^{x} R_i S_i \tag{2-1}$$

式中　V_i——某施工过程 i 的机械操作流水强度；

　　　　R_i——投入施工过程 i 的某种机械的台数；

　　　　S_i——投入施工过程 i 的某种施工机械的产量定额；

　　　　x——投入施工过程 i 的施工机械的种类数。

2）人工操作流水强度，按式（2-2）计算。

$$V_i' = R_i' S_i' \tag{2-2}$$

式中　V_i'——某施工过程 i 的人工操作流水强度；

　　　　R_i'——投入施工过程 i 的专业班组工人数；

　　　　S_i'——投入施工过程 i 的专业班组平均产量定额。

2. 空间参数

空间参数是指在组织流水施工时，用以表达其在空间布置上所处状态的参数，包括工作面和施工段数。

（1）工作面　工作面（用符号 A 表示）也称为工作前线（用 L 表示），它是指某专业工种的施工人员或机械在施工时所必须具备的活动空间，它是依据某工种的产量定额和安全施工技术规范的要求而确定的。工作面是否合理，将直接影响生产效率。工作面的计量单位因施工过程性质的不同而有所区别，主要工种工作面参考数据见表 2-1。

表 2-1　主要工种工作面参考数据表

工 作 项 目	每个技工的工作面		说　　明
砖基础	7.6	m/人	以 1 砖半计，2 砖 ×0.8，3 砖 ×0.5
砌砖墙	8.5	m/人	以 1 砖计，1 砖半 ×0.7，2 砖 ×0.57
混凝土柱、墙基础	8	m³/人	机拌、机捣
混凝土设备基础	7	m³/人	机拌、机捣
现浇钢筋混凝土柱	3	m³/人	机拌、机捣
现浇钢筋混凝土梁	3.2	m³/人	机拌、机捣
现浇钢筋混凝土墙	5	m³/人	机拌、机捣
现浇钢筋混凝土楼板	5.3	m³/人	机拌、机捣
预制钢筋混凝土柱	3.6	m³/人	机拌、机捣
预制钢筋混凝土梁	3.6	m³/人	机拌、机捣
预制钢筋混凝土屋架	2.7	m³/人	机拌、机捣
预制钢筋混凝土平板空心板	1.91	m³/人	机拌、机捣
预制钢筋混凝土大型屋面板	2.62	m³/人	机拌、机捣
混凝土地坪及面层	40	m³/人	机拌、机捣
外墙抹灰	16	m²/人	
内墙抹灰	18.5	m²/人	
卷材屋面	18.5	m²/人	
防水水泥砂浆屋面	16	m²/人	
门窗安装	11	m²/人	

（2）施工段数　为了有效地组织流水施工，通常把拟建工程在平面上划分为劳动量大致相等的若干个施工区段，即施工段；把建筑物在竖向上划分的施工区段称为施工层。施工段的数目用 m 表示。

划分施工段的目的，在于保证不同工种的专业班组能在不同的工作面上同时施工，以消除由于多个工种的专业班组不能同时在同一个工作面上施工而产生的互等、停歇现象，从而充分利用时间、空间，为组织流水施工创造条件。

施工段的划分应考虑以下几个方面的因素：

1）以主导施工过程为依据。由于主导施工过程往往对工期起控制作用，因而划分施工段时应以主导施工过程为依据。例如，现浇钢筋混凝土框架结构房屋的主体工程施工，应首先考虑钢筋混凝土工程施工段的划分。

2）要有利于结构的整体性。施工段的分界应与施工对象的结构界线（温度缝、沉降缝、防震缝、单元分界等）相一致。

3）考虑各施工段劳动量的大小。为了便于组织流水施工，各施工段劳动量应尽可能相等或相近。

4）考虑工作面的要求。施工段的划分应保证专业班组或施工机械在各施工段上有足够的工作面，既要提高工效，又能保证施工安全。

5）当拟建工程分层分段施工时，应使各专业班组连续施工。各施工过程的专业班组完成第一层第一段后，应能立刻转入该层第二段；施工完该层最后一个施工段后，应能立刻转入第二层的第一施工段。此时，每一层施工段的数目应满足 $m \geqslant n$。

【例2-1】　某三层砖混结构住宅楼主体工程施工，划分为砌砖墙和安装楼板两个施工过程，即 $n = 2$。各施工过程在各施工段上的作业时间均为3d，施工段的划分有以下三种情况：

1）第一种情况：当 $m = n$，即取 $m = 2$，$n = 2$ 时，其施工进度计划如图2-5所示。

施工过程	施工进度/d						
	3	6	9	12	15	18	21
砌砖墙	I-1	I-2	II-1	II-2	III-1	III-2	
安装楼板		I-1	I-2	II-1	II-2	III-1	III-2

图2-5　当 $m = n$ 时的施工进度计划
Ⅰ、Ⅱ、Ⅲ—施工层　1、2—施工段

由图2-5可知，当 $m = n$ 时，各专业班组能连续施工，各施工段上始终有施工的专业班组，工作面未出现空闲，工期较短，是一种比较理想的流水施工方案。

2）第二种情况：当 $m > n$，即当 $m > 2$，$n = 2$ 时，取 $m = 3$，其施工进度计划如图2-6所示。

由图2-6可知，各专业班组仍能连续施工，但在每层楼板安装完毕后，不能立刻投入上一层的砌砖墙工作，即施工段出现了空闲，从而使工期延长。这种组织方式，有时有空闲的施工段是必要的，如可以利用停歇时间进行养护、备料及做一些准备工作，因而也是一种常用的施工组织方式。

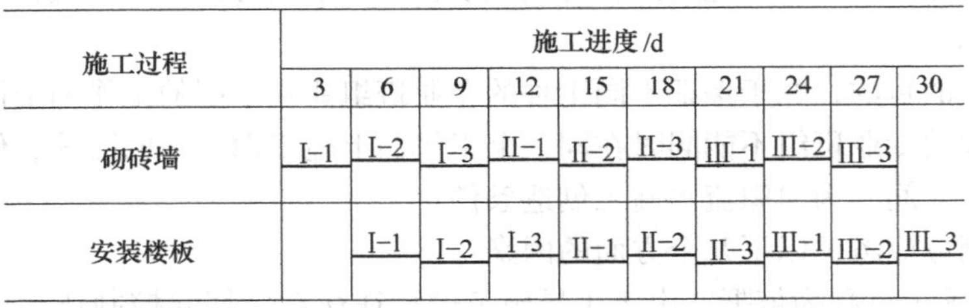

施工过程	施工进度/d									
	3	6	9	12	15	18	21	24	27	30
砌砖墙	I-1	I-2	I-3	II-1	II-2	II-3	III-1	III-2	III-3	
安装楼板		I-1	I-2	I-3	II-1	II-2	II-3	III-1	III-2	III-3

图 2-6 当 $m>n$ 时的施工进度计划
Ⅰ、Ⅱ、Ⅲ—施工层 1、2、3—施工段

3）第三种情况：当 $m<n$，即每层按一个施工段组织施工时，其施工进度计划如图 2-7 所示。

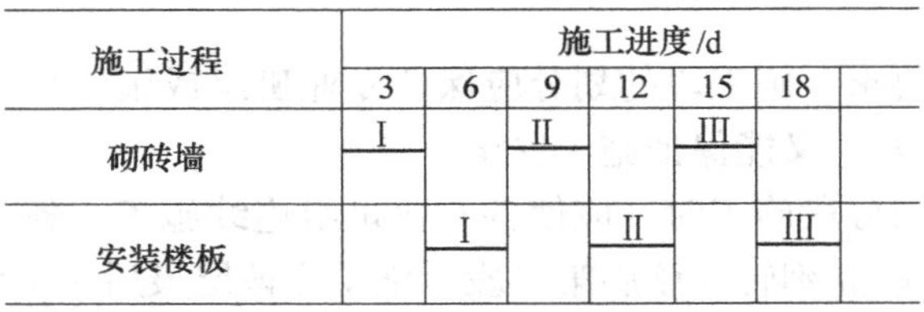

施工过程	施工进度/d					
	3	6	9	12	15	18
砌砖墙	I		II		III	
安装楼板		I		II		III

图 2-7 当 $m<n$ 时的进度计划表
Ⅰ、Ⅱ、Ⅲ—施工层

由图 2-7 可以看出，施工段没有出现空闲，工作面使用充分，但各专业班组不能连续施工，出现了轮流窝工现象，因而对于一幢建筑物，组织流水施工是不适宜的，但可以用来组织建筑群的流水施工。

3. 时间参数

时间参数是指用来表达参与流水施工的各施工过程在时间上所处状态的参数，包括流水节拍、流水步距、间歇时间、平行搭接时间、工期等。

（1）流水节拍 流水节拍是指在流水施工中从事某一施工过程的班组在一个施工段上的作业时间。流水节拍的大小可以反映施工速度的快慢和节奏，用 t_i 表示。

影响流水节拍数值大小的因素有施工方案、班组人数以及施工机械台数、工作班制、工程量大小等。确定流水节拍的方法主要有定额计算法、经验估计法和按工期倒排法三种。

1）定额计算法。这种方法是根据各施工段的工程量、施工过程的劳动定额或产量定额及投入的资源量（工人数、机械台数等）按式（2-3）或式（2-4）确定流水节拍。

$$t_i = \frac{Q_i}{S_i R_i N_i} = \frac{P_i}{R_i N_i} \tag{2-3}$$

或

$$t_i = \frac{Q_i H_i}{R_i N_i} = \frac{P_i}{R_i N_i} \tag{2-4}$$

式中 t_i——施工过程 i 的流水节拍；

Q_i——施工过程 i 在某一施工段上的工程量；

S_i——施工过程 i 的产量定额；

H_i——施工过程 i 的时间定额；

R_i——施工过程 i 投入的资源量（施工班组人数或机械台数）；

N_i——施工过程 i 每天的工作班制；

P_i——施工过程 i 的劳动量（IB）或机械台班量（台班），由式（2-5）确定。

$$P_i = \frac{Q_i}{S_i} = Q_i H_i \tag{2-5}$$

【**例2-2**】　某工程砌墙劳动量需660工日，采用一班制施工，班组人数为22人，若分为5个施工段，根据式（2-4），则流水节拍为

$$t_{砌墙} = \frac{660}{5 \times 22 \times 1} d = 6d$$

2）经验估计法。经验估计法是根据以往的施工经验进行估算的一种方法，一般先估计出三个可能的时间值，即完成某一段的某一施工过程所需的最短时间、最长时间和正常时间，然后根据这三个时间来确定流水节拍，其计算公式为

$$t = \frac{a + 4b + c}{6} \tag{2-6}$$

式中　t——某施工过程在某一施工段上的流水节拍；

a——某施工过程在某一施工段上的最短估计时间；

b——某施工过程在某一施工段上的正常估计时间；

c——某施工过程在某一施工段上的最长估计时间。

3）工期计算法。工期计算法是根据施工任务规定的工期要求采用倒排进度的一种方法。首先根据工期要求确定流水节拍，然后根据式（2-3）或式（2-4）求出所需的施工班组人数或机械台数。

【**例2-3**】　某建筑物基础施工，机械开挖所需台班数量为16台班，实行两班制，按工期要求并结合施工经验，确定挖土持续时间为4台班，则每天需要的挖土机械台数为

$$R = \frac{P}{tN} = \frac{16}{4 \times 2} 台 = 2 台$$

确定流水节拍时，如果有工期要求，要以满足工期要求为原则，同时要考虑各种资源的供应情况、最少劳动组合和工作面的大小、施工及技术条件的要求等。一般流水节拍 t 取半天的整倍数。

（2）流水步距　流水步距是指相邻两个专业班组相继进入同一施工段开始施工的时间间隔，通常用 $K_{i,i+1}$ 表示。流水步距的数目取决于参与流水的施工过程数，若施工过程（或班组）数为 n，则流水步距总数为（$n-1$）。

确定流水步距要考虑以下几个因素：

1）始终保持相邻两个施工过程的先后顺序，满足工艺要求。

2）尽量保持各专业班组的连续施工，不发生窝工现象。

3）使相邻两专业班组在时间上最大限度地、合理地搭接，以缩短工期。

31

4）要满足保证工程质量、安全生产、成品保护的需要。

（3）间歇时间　在流水施工中，由于工艺或组织的原因，会使施工过程之间产生必须存在的时间间隔，称为间歇时间，用 t_j 表示。

1）技术间歇时间。技术间歇时间是指由于施工工艺或质量保证的要求，在相邻两个施工过程之间必须留有的时间间隔，如混凝土浇捣后的养护时间、屋面找平层施工后做防水层前的干燥时间等。

2）组织间歇时间。组织间歇时间是指由于施工组织方面的需要，在相邻两个施工过程之间必须留有的时间间隔。它也是为前一施工过程进行检查验收或为后一施工过程的开始做必要准备工作而考虑的间歇时间，如混凝土浇筑前对钢筋及预埋件的检查时间、墙体砌筑前进行墙身位置弹线所需的时间等。

（4）搭接时间　平行搭接时间是指在同一施工段上，在工作面允许的情况下，前一施工过程尚未结束，而后一施工过程就提前投入施工，即两者在同一施工段上平行搭接施工的时间。平行搭接时间可缩短工期，所以应最大限度地考虑搭接。搭接时间用 t_d 表示。

（5）流水施工工期　流水施工工期是指从第一个施工过程进入第一个施工段开始施工，到最后一个施工过程退出最后一个施工段所经过的时间。流水施工工期用符号 T 表示，一般用式（2-7）计算。

$$T = \sum K_{i,i+1} + T_n \tag{2-7}$$

式中　$\sum K_{i,i+1}$——流水施工中各施工过程之间流水步距之和；

　　　T_n——流水施工中最后一个施工过程的持续时间。

【例2-4】　某工程施工划分为 A、B、C、D 四个施工过程，有四个施工段。各施工过程的流水节拍分别为 $t_A = 2d$，$t_B = 3d$，$t_C = 2d$，$t_D = 3d$。其中施工过程 A、B 之间有 2d 的技术间歇时间，施工过程 C、D 之间有 1d 的搭接时间。在组织流水施工中各参数的表示见施工进度表，即如图 2-8 所示。

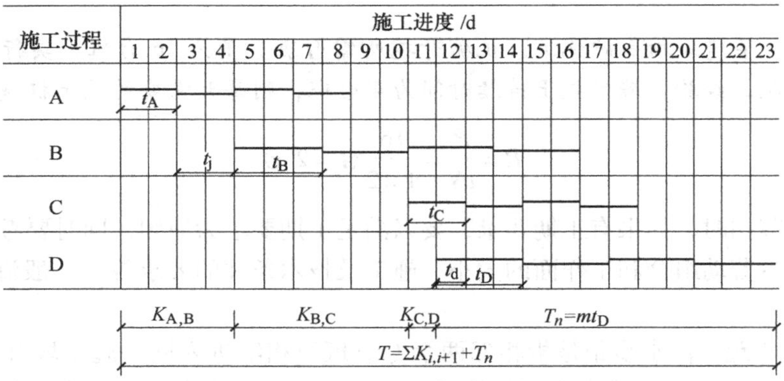

图 2-8　流水施工进度表

三、流水施工的组织方式

1. 流水施工的分类

根据流水施工工程对象的范围大小，流水施工通常分为以下四种。

（1）分项工程流水　分项工程流水也称为细部流水，它是在一个施工过程内部组织起来的，是一个专业班组使用同一生产工具并依次、连续地在各施工段中完成同一施工过程的工作，如基础混凝土在各段上连续浇筑、主体在各段上连续砌墙等。

（2）分部工程流水　分部工程流水也称为专业工程流水，是在一个分部工程内部的各分项工程之间组织起来的流水施工，如基础工程的流水施工、装饰工程的流水施工等。分部工程流水是在分项工程流水的基础上建立起来的。

（3）单位工程流水　单位工程流水是在一个单位工程内部的各分部工程之间组织起来的流水施工，如一栋住宅楼、一栋办公楼的流水施工等。单位工程流水是在分部工程流水的基础上建立起来的。

（4）群体工程流水　群体工程流水是在单位工程之间组织起来的流水施工，也称为大流水施工。例如，对一住宅小区的施工，可对其全部单位工程组织群体工程流水。

2. 流水施工的基本组织方式

流水施工的节奏是由流水节拍决定的，由于建筑工程的多样性和结构施工的复杂性，使得各分部分项工程的工程量差异较大，流水节拍也不尽相同，因此形成了不同节奏特征的流水施工。

根据流水施工节奏特征的不同，流水施工可分为节奏性流水和无节奏流水两大类。

（1）节奏性流水

1）全等节拍流水。全等节拍流水又称为固定节拍流水。

全等节拍流水的节拍特征为：同一施工过程在各施工段上的流水节拍相等；不同施工过程之间的流水节拍均相等。

全等节拍流水的步距和工期分别根据式（2-8）和式（2-9）计算。

$$K_{i,i+1} = t + t_j - t_d \qquad (2-8)$$
$$T = (m + n - 1)t + \sum t_j - \sum t_d \qquad (2-9)$$

式中　$\sum t_j$——所有间歇时间之和；

　　　$\sum t_d$——所有搭接时间之和。

【例2-5】　某分部工程施工划分为三个施工段，有A、B、C三个施工过程，各施工过程的流水节拍均为3d，试对其组织流水施工。

解：由于各施工过程的流水节拍均相等，所以组织全等节拍流水施工。

① 确定流水步距：

因为　$t_j = 0$，$t_d = 0$

所以　$K_{A,B} = K_{B,C} = t = 3d$

② 确定工期：

$$\begin{aligned} T &= (m + n - 1)t \\ &= [(3 + 3 - 1) \times 3]d = 15d \end{aligned}$$

③ 绘制施工进度表，如图2-9所示。

从图2-9中可以看出，由于流水节拍相等，流水施工连续性很好，各专业班组相互衔接，很有节奏性，是一种理想的流水施工组织方式。

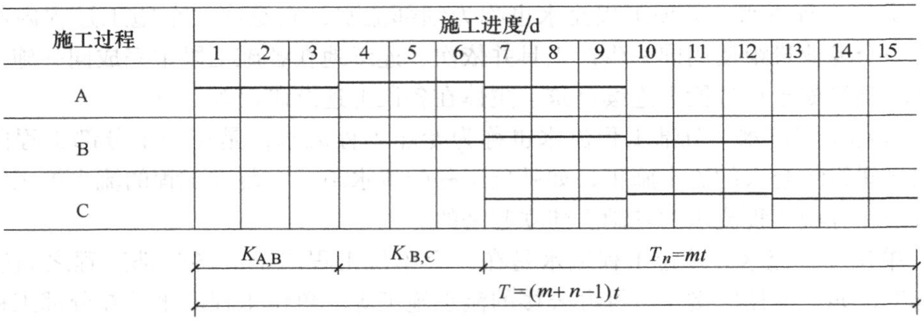

施工过程	施工进度/d														
	1	2	3	4	5	6	7	8	9	10	11	12	13	14	15
A															
B															
C															

$K_{A,B}$ $K_{B,C}$ $T_n = mt$

$T = (m+n-1)t$

图2-9 全等节拍流水施工

【例2-6】 某工程施工划分为A、B、C、D四个施工过程，有三个施工段，各施工过程的流水节拍均为2d，其中施工过程A、B之间有1d的技术间歇时间，施工过程C、D之间有1d的搭接时间，试对其组织流水施工。

解：由上述已知条件，该分部工程可以组织全等节拍流水施工。

① 确定流水步距：

因为 施工过程A、B之间有1d技术间歇，即 $t_j = 1d$

所以 $K_{A,B} = t + t_j = (2+1)d = 3d$

因为 施工过程B、C之间有 $t_d = 0$，$t_j = 0$

所以 $K_{B,C} = t = 2d$

因为 施工过程C、D之间有 $t_d = 1d$，$t_j = 0$

所以 $K_{C,D} = t - t_d = (2-1)d = 1d$

② 确定施工工期：

$$T = (m+n-1)t + \sum t_j - \sum t_d$$
$$= [(3+4-1)\times 2 + 1 - 1]d = 12d$$

③ 绘制施工进度表，如图2-10所示：

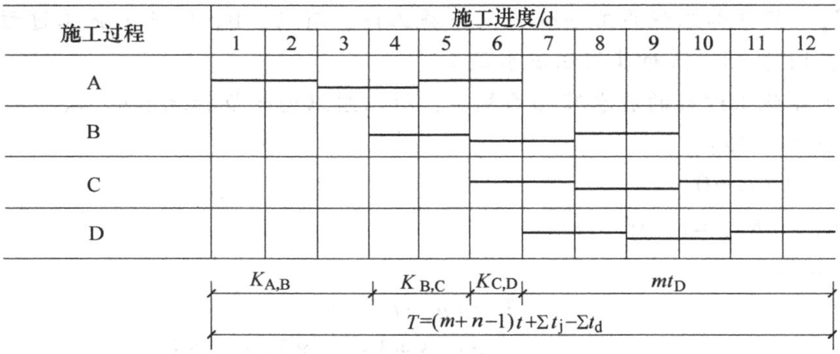

施工过程	施工进度/d											
	1	2	3	4	5	6	7	8	9	10	11	12
A												
B												
C												
D												

$K_{A,B}$ $K_{B,C}$ $K_{C,D}$ mt_D

$T = (m+n-1)t + \sum t_j - \sum t_d$

图2-10 全等节拍流水施工

全等节拍流水施工的组织要点：首先，划分施工过程，并将劳动量小的施工过程合并到相邻的施工过程中去，以使各流水节拍相等；其次，确定主要施工过程的施工班组人数，并计算其流水节拍；最后，根据已定的流水节拍，确定其他施工过程的班组人数及其组成。

全等节拍流水施工适用于分部工程流水，不适用于单位工程流水，特别不适用于大型的建筑群。因为全等节拍流水施工虽然是一种比较理想的流水施工方式，它能保证专业班组工作的连续，使工作面能充分被利用，实现均衡施工，但是由于它要求划分的各分部分项工程都采用相同的流水节拍，这对一个单位工程或建筑群来说往往是十分困难的。因此，全等节拍流水实际应用范围不是很广泛。

2）异节拍流水。

异节拍流水的节拍特征为：同一施工过程的流水节拍在各施工段上相等；不同施工过程之间的流水节拍不相等或不完全相等。

异节拍流水的步距和工期分别根据式（2-10）和式（2-7）计算。

$$K_{i,i+1} = \begin{cases} t_i + t_j - t_d & (t_i \leqslant t_{i+1}) \\ mt_i - (m-1)t_{i+1} + t_j - t_d & (t_i > t_{i+1}) \end{cases} \tag{2-10}$$

式中　t_i——第 i 个施工过程的流水节拍；

t_{i+1}——第 $i+1$ 个施工过程的流水节拍。

【例2-7】　某工程分四段进行施工，每段划分为A、B、C、D四个施工过程，各施工过程的流水节拍分别为 $t_A = 2d$，$t_B = 3d$，$t_C = 3d$，$t_D = 2d$。试对该分部工程组织流水施工。

解：根据上述已知条件，该分部工程可组织异节拍流水施工。

① 确定流水步距：

因为　$t_A = 2d < t_B = 3d$

所以　$K_{A,B} = t_A = 2d$

因为　$t_B = t_C = 3d$

所以　$K_{B,C} = 3d$

因为　$t_C = 3d > t_D = 2d$

所以　$K_{C,D} = mt_C - (m-1)t_D$

$\qquad = [4 \times 3 - (4-1) \times 2]d = 6d$

② 确定工期：

$$T = \sum K_{i,i+1} + T_n$$
$$= [(2+3+6) + 4 \times 2]d = 19d$$

③ 绘制施工进度表，如图2-11所示：

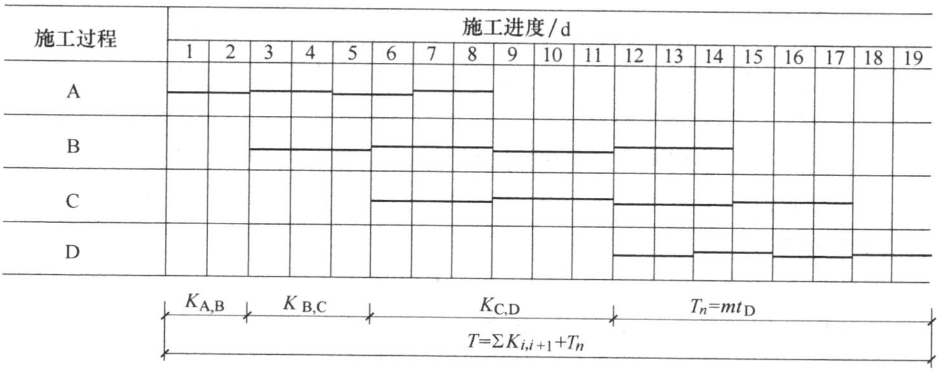

图2-11　异节拍流水施工

【例 2-8】 某基础工程分四段进行施工，其施工过程及流水节拍分别为：挖土 3d，做垫层 1d，基础砌筑 3d，回填土 2d。试对该基础工程组织流水施工。

解：根据上述已知条件，该分部工程可组织异节拍流水施工。

① 确定流水步距：

因为 $t_挖 = 3d > t_垫 = 1d$

所以 $K_{挖,垫} = mt_挖 - (m-1)t_垫$

$= [4 \times 3 - (4-1) \times 1]d = 9d$

因为 $t_垫 = 1d < t_基 = 3d$

所以 $K_{垫,基} = t_垫 = 1d$

因为 $t_基 = 3d > t_回 = 2d$

所以 $K_{基,回} = mt_基 - (m-1)t_回$

$= [4 \times 3 - (4-1) \times 2]d = 6d$

② 确定工期：

$$T = \sum K_{i,i+1} + T_n$$
$$= [(9 + 1 + 6) + 4 \times 2]d = 24d$$

③ 绘制施工进度表，如图 2-12 所示：

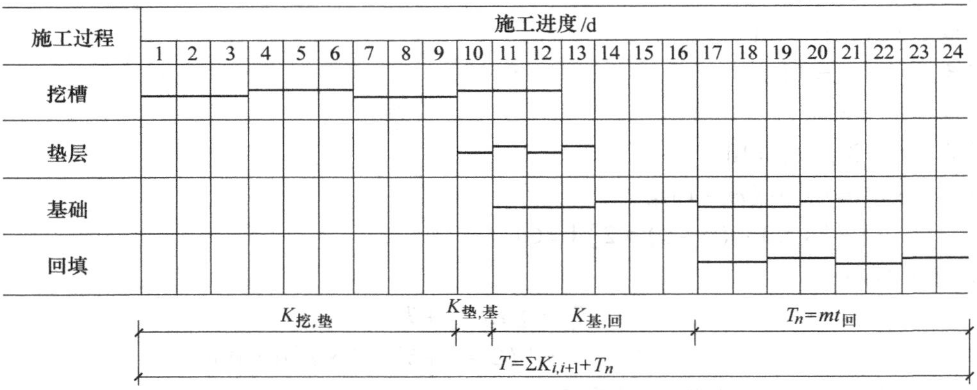

图 2-12 异节拍流水施工

异节拍流水施工的组织要点：对于主导施工过程的施工班组在各施工段上应连续施工，允许有些施工段出现空闲或有些班组间断施工，但不允许多个施工班组在同一施工段上交叉作业，更不允许发生工艺颠倒的现象。

异节拍流水施工适用于施工段大小相等或相近的分部工程和单位工程的流水施工，它在进度安排上比较灵活，应用范围较广。

3）成倍节拍流水。

成倍节拍流水的节拍特征为：同一施工过程的流水节拍在各施工段上相等；不同施工过程之间的流水节拍不相等或不完全相等；各施工过程之间的流水节拍均为最小流水节拍的整倍数。

成倍节拍流水的步距和工期分别按式（2-11）和式（2-12）计算。

$$K = t_{\min} \tag{2-11}$$

成倍节拍流水施工中，任何两个相邻施工班组之间的流水步距，均等于所有流水节拍中的最小节拍值。

$$T = (m + n' - 1)t_{\min} \tag{2-12}$$

式中　n'——施工班组总数，用式（2-13）确定。

$$n' = \sum b_i \tag{2-13}$$

式中　b_i——施工过程 i 需要的施工班组数，由式（2-14）确定。

$$b_i = \frac{t_i}{t_{\min}} \tag{2-14}$$

式中　t_i——施工过程 i 的流水节拍；

　　　$t_{\min}$——所有流水节拍中的最小流水节拍。

从式（2-11）和式（2-12）中可以看出，成倍节拍流水实质上是一种全等节拍流水施工。它通过对流水节拍值比较大的施工过程增加班组数的方法，可使其转换成为流水步距均为 $t_{\min}$ 的全等节拍流水施工。

【例2-9】　某工地建造六幢相同类型的大板结构住宅，每幢建筑的主要施工过程及流水节拍分别为：基础工程6d，结构安装18d，粉刷装修12d，室外和清理工程12d。试对这六幢住宅工程组织流水施工。

解：根据各施工过程流水节拍的特征，可考虑采用成倍节拍流水施工的组织形式。

① 确定流水步距：

$$K = t_{\min} = 6d$$

② 确定工期：

因为　　$t_{\min} = t_{基} = 6d$

所以　　$b_{基} = \dfrac{t_{基}}{t_{\min}} = \dfrac{6}{6}$ 个 $= 1$ 个

$b_{结} = \dfrac{t_{结}}{t_{\min}} = \dfrac{18}{6}$ 个 $= 3$ 个

$b_{粉} = \dfrac{t_{粉}}{t_{\min}} = \dfrac{12}{6}$ 个 $= 2$ 个

$b_{室} = \dfrac{t_{室}}{t_{\min}} = \dfrac{12}{6}$ 个 $= 2$ 个

则　　　　　　　　$n' = \sum b_i = (1 + 3 + 2 + 2)$ 个 $= 8$ 个

$$T = (m + n' - 1)t_{\min}$$
$$= [(6 + 8 - 1) \times 6]d = 78d$$

③ 根据确定的参数绘制施工进度表，如图2-13所示：

成倍节拍流水施工的组织要点：首先，根据工程对象和施工要求划分为若干个施工过程；其次，确定劳动量最少的施工过程的流水节拍；最后，确定其他施工过程的流水节拍，并用调整施工班组人数的方法或采取其他措施，使它们的节拍值分别为最小节拍的整倍数。

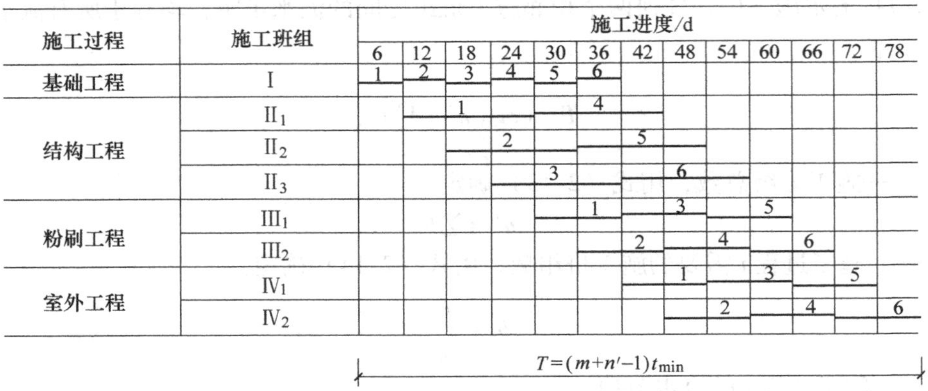

施工过程	施工班组	施工进度/d												
		6	12	18	24	30	36	42	48	54	60	66	72	78
基础工程	I	1	2	3	4	5	6							
结构工程	II₁			1			4							
	II₂				2			5						
	II₃					3			6					
粉刷工程	III₁						1		3	5				
	III₂							2		4		6		
室外工程	IV₁								1		3		5	
	IV₂									2		4		6

$$T=(m+n'-1)t_{\min}$$

图 2-13 成倍节拍流水施工

成倍节拍流水施工适用于一般的房屋建筑工程、线性工程和建筑群工程的流水施工。

（2）无节奏流水 无节奏流水也叫分别流水，在实际工程中，无节奏流水施工是常见的一种流水施工方式。

1）无节奏流水施工的节拍特征。无节奏流水施工的每个施工过程的流水节拍在各施工段上不相等或不完全相等，不同施工过程之间的流水节拍更无规律性。

2）流水步距与工期的确定。根据"累加数列、错位相减、取大差"的步骤来确定流水步距，这种确定流水步距的方法适用于各种形式的流水施工。

工期的确定采用与计算异节拍流水工期相同的公式，即式（2-7）。

【例2-10】 某分部工程的施工过程和流水节拍见表2-2，试对其组织流水施工。

表2-2 各施工过程在各施工段上的流水节拍 （单位：d）

施工过程 \ 施工段	1	2	3	4
A	2	3	3	2
B	3	4	5	3
C	2	2	3	3
D	4	5	4	4

解：由已知条件可知，该分部工程可组织无节奏流水。

① 确定流水步距：

$$
\begin{array}{rrrrr}
2 & 5 & 8 & 10 & \\
- & 3 & 7 & 12 & 15 \\
\hline
2 & 2 & 1 & -2 & -15
\end{array}
$$

$$K_{A,B}=\max\{2,2,1,-2,-15\}=2d$$

$$\begin{array}{ccccc}
3 & 7 & 12 & 15 & \\
- & 2 & 4 & 7 & 10 \\
\hline
3 & 5 & 8 & 8 & -10
\end{array}$$

$$K_{B,C} = \max\{3,5,8,8,-10\} = 8d$$

$$\begin{array}{ccccc}
2 & 4 & 7 & 10 & \\
- & 4 & 9 & 13 & 17 \\
\hline
2 & 0 & -2 & -3 & -17
\end{array}$$

$$K_{C,D} = \max\{2,0,-2,-3,-17\} = 2d$$

② 求该分部工程工期：

$$T = \sum K_{i,i+1} + T_n$$
$$= [(2+8+2) + (4+5+4+4)]d = 29d$$

③ 绘制施工进度表，如图2-14所示：

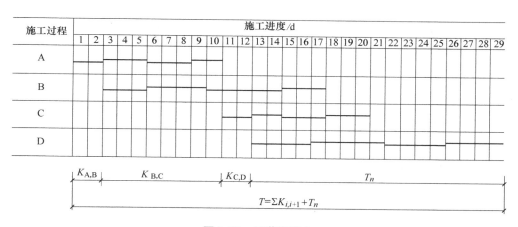

图2-14　无节奏流水

3）无节奏流水施工的组织要点：合理确定相邻施工过程之间的流水步距，保证各施工过程的工艺顺序合理且在时间上最大限度地搭接，并使施工班组尽可能在各施工段上连续施工。

4）适用范围：无节奏流水施工的施工过程之间只有工艺上的约束关系，所以在进度安排上灵活自由，适用于各种不同结构性质和规模的工程施工组织，实际应用比较广泛。

在上述各种流水施工的基本方式中，全等节拍流水和成倍节拍流水通常在一个分部或分项工程中，组织流水施工较容易。但对一个单位工程，特别是一个大型建筑群来说，要求所划分的各分部分项工程都采用相同的流水参数（m、n、t、K等）来组织流水施工往往十分困难。这时，常采用分别流水来组织施工，以便能较好地适应建筑工程施工中千变万化的要求。

四、流水施工实例

在建筑施工中，通常将单位工程流水分解为分部工程流水，并根据分部工程各施工过程劳动量的大小、施工班组人数等来确定各施工过程的流水节拍,再根据节拍的特征来选择各分部工程的流水施工方式。然后使各分部工程尽可能搭接施工,以缩短工期。下面以两个常见的工程实例来说明流水施工的应用。

实例1 砖混结构房屋的流水施工

某六层四单元砖混结构住宅楼工程,建筑面积为4920.16m²,基础采用钢筋混凝土条形基础;主体工程为砖墙承重,每层设置一道圈梁,现浇钢筋混凝土楼板、楼梯、阳台;屋面为卷材防水屋面,上做保护层;外墙采用水泥砂浆打底、乳胶漆饰面,室内顶棚、墙面均为石灰水泥打底、106胶涂料饰面,厨房、卫生间距地面1.8m高度范围内铺贴瓷砖;楼地面为水泥地面,塑钢窗,内门为胶合板门。其劳动量一览表见表2-3。

表2-3 某六层四单元砖混结构住宅楼劳动量一览表

序　号	分项工程名称	劳动量/(工日或台班)	序　号	分项工程名称	劳动量/(工日或台班)
	基础工程		12	浇楼梯、梁板混凝土	432
1	机械挖土方	16		屋面工程	
2	混凝土垫层	36	13	保温层	146
3	基础支模及绑筋	80	14	找平层	47
4	条形基础混凝土	160	15	防水层	61
5	砖基础	96		装饰工程	
6	地圈梁	52	16	门窗扇安装	107
7	回填土	107	17	顶棚、内墙抹灰	1302
	主体工程		18	楼地面、瓷砖	590
8	构造柱钢筋绑扎	40	19	室外装修	766
9	砌砖墙	1425	20	玻璃、油漆	79
10	支模板	637	21	台阶、散水及其他	70
11	绑扎钢筋	561		水、暖、电等安装工程	

本工程由基础工程、主体工程、屋面工程、装饰工程和水暖电安装工程等分部工程组成,组织施工时应先考虑各分部工程流水,再考虑各分部工程之间的搭接,其具体组织方法如下所述。

(1)基础工程 基础工程包括挖土、混凝土垫层、混凝土条形基础、砖基础、地圈梁、回填土等施工过程。其中,挖土采用机械施工;垫层工作量较小,完成后即开始进行基础支模与钢筋绑扎;混凝土条形基础的浇筑采用三班制施工。这四个施工过程均不参与流水,其他施工过程在平面上划分为两个施工段,并组织异节拍流水施工。

1)机械挖土方为16个台班,两台机械采用两班制施工,其施工持续时间为:$t_{挖土}=\dfrac{16}{2\times2}d=4d$。

2)混凝土垫层劳动量为36工日,采用一班制施工,施工班组人数为18人,其施工持续时间为：$t_{垫层} = \dfrac{36}{18 \times 1}\text{d} = 2\text{d}$。

3）基础支模与绑筋劳动量为80工日，采用一班制施工，施工班组人数为20人，其施工持续时间为：$t_{支模绑扎} = \dfrac{80}{20 \times 1}\text{d} = 4\text{d}$。

4）条形基础混凝土劳动量为160工日，采用三班制施工，施工班组人数为26人，其施工持续时间为：$t_{混凝土基} = \dfrac{160}{26 \times 3}\text{d} = 2.05\text{d}$，取为2d。

5）砖基础劳动量为96工日，采用一班制施工，施工班组人数为16人，分为两个施工段，其流水节拍为：$t_{砖基} = \dfrac{96}{2 \times 16 \times 1}\text{d} = 3\text{d}$。

6）地圈梁劳动量为52工日，采用一班制施工，施工班组人数为26人，分为两个施工段，其流水节拍为：$t_{地圈梁} = \dfrac{52}{2 \times 26 \times 1}\text{d} = 1\text{d}$。

7）回填土劳动量为107工日，采用一班制施工，施工班组人数为26人，分为两个施工段，其流水节拍为：$t_{回填土} = \dfrac{107}{2 \times 26 \times 1}\text{d} = 2.06\text{d}$，取为2d。

在参与流水的施工过程中，砌砖基础为主导施工过程，应连续施工，其他施工过程可间断进行，以缩短工期。

基础阶段的施工时间为：$T = t_{挖土} + t_{垫层} + t_{支模绑扎} + t_{混凝土基} + K_{砖基,圈梁} + K_{圈梁,回填} + T_{回填}$
$$= (4 + 2 + 4 + 2 + 3 + 2 + 2 \times 2)\text{d} = 21\text{d}$$

（2）主体工程　主体工程包括构造柱钢筋绑扎、砌砖墙、支模板、绑扎钢筋、浇梯梁板混凝土等施工过程。主体工程由于有层间关系，为避免出现窝工现象，施工段数与施工过程数的划分必须满足$m \geq n$的要求。主体工程每层在平面上划分为两个施工段，砌砖墙为主导施工过程，所以施工中要使其保持连续，其他施工过程应配合主导施工过程穿插进行，并可按一个施工过程综合考虑，其总的施工时间应不大于主导施工过程的施工时间，其具体组织安排如下所述。

1）每层柱钢筋绑扎应随墙体砌筑穿插进行，其劳动量为40工日，采用一班制施工，施工班组人数为3人，每层两个施工段，共六层，其流水节拍为：$t_{构造柱} = \dfrac{40}{12 \times 3 \times 1}\text{d} = 1.11\text{d}$，取为1d。

2）砌砖墙为主导施工过程，劳动量为1425工日，采用一班制施工，施工班组人数为20人，每层两个施工段，共六层，其流水节拍为：$t_{砌墙} = \dfrac{1425}{12 \times 20 \times 1}\text{d} = 5.94\text{d}$，取为6d。

3）支模板劳动量为637工日，采用一班制施工，施工班组人数为26人，每层两个施工段，共六层，其流水节拍为：$t_{支模板} = \dfrac{637}{12 \times 26 \times 1}\text{d} = 2.04\text{d}$，取为2d。

4）绑扎钢筋劳动量为561工日，采用一班制施工，施工班组人数为23人，每层两个施工段，共六层，其流水节拍为：$t_{钢筋} = \dfrac{561}{12 \times 23 \times 1}\mathrm{d} = 2.03\mathrm{d}$，取为 2d。

5）浇楼梯、梁板混凝土劳动量为 432 工日，采用两班制施工，施工班组人数为 19 人，每层两个施工段，共六层，其流水节拍为：$t_{混凝土} = \dfrac{432}{12 \times 19 \times 2}\mathrm{d} = 0.95\mathrm{d}$，取为 1d。

主体工程可组织异节拍流水施工，其工期为：$T = (m+n-1)t = [(2 \times 6 + 2 - 1) \times 6]\mathrm{d} = 78\mathrm{d}$。

（3）屋面工程 屋面工程包括找平层、防水层、保温层等施工过程，考虑到屋面的防水要求，屋面工程不分段。找平层完成后需要有一定的养护时间和干燥时间，之后才可进行防水层的施工。

1）保温层劳动量为 146 工日，采用一班制施工，施工班组人数为 29 人，其流水节拍为：$t_{保温} = \dfrac{146}{29 \times 1}\mathrm{d} = 5.03\mathrm{d}$，取为 5d。

2）找平层劳动量为 47 工日，采用一班制施工，施工班组人数为 15 人，其流水节拍为：$t_{找平} = \dfrac{47}{15 \times 1}\mathrm{d} = 3.13\mathrm{d}$，取为 3d。

3）防水层劳动量为 61 工日，采用一班制施工，施工班组人数为 10 人，其流水节拍为：$t_{防水} = \dfrac{61}{10 \times 1}\mathrm{d} = 6.1\mathrm{d}$，取为 6d。

（4）装饰工程 装饰工程包括门窗扇安装，顶棚、内墙抹灰，楼地面、瓷砖，外墙装饰，玻璃、油漆，散水及其他施工工程。

外墙装饰工程不分段，采用自上而下的施工顺序，劳动量为 766 工日，采用一班制施工，施工班组人数为 37 人，其施工持续时间为：$t_{装饰} = \dfrac{766}{37 \times 1}\mathrm{d} = 20.7\mathrm{d}$，取为 20d。

其他施工过程每层划分为一个施工段，共六个施工段，采用自上而下的施工顺序。抹灰是主导施工过程，应先完成楼地面施工再进行顶棚和墙面抹灰，为保证地面装修质量，在做完楼地面后应有 6d 的时间间隔，然后进行顶棚和墙面抹灰。组织异节拍流水施工如下所述。

1）门窗扇安装劳动量为 107 工日，采用一班制施工，施工班组人数为 6 人，其流水节拍为：$t_{门窗} = \dfrac{107}{6 \times 6 \times 1}\mathrm{d} = 2.97\mathrm{d}$，取为 3d。

2）顶棚、内墙抹灰劳动量为 1302 工日，采用一班制施工，施工班组人数为 36 人，其流水节拍为：$t_{抹灰} = \dfrac{1302}{6 \times 36 \times 1}\mathrm{d} = 6.03\mathrm{d}$，取为 6d。

3）楼地面、瓷砖劳动量为 590 工日，采用一班制施工，施工班组人数为 25 人，其流水节拍为：$t_{楼地面,瓷砖} = \dfrac{590}{6 \times 25 \times 1}\mathrm{d} = 3.93\mathrm{d}$，取为 4d。

4）玻璃、油漆劳动量为 79 工日，采用一班制施工，施工班组人数为 7 人，其流水节拍为：$t_{玻,油} = \dfrac{79}{6 \times 7 \times 1}\mathrm{d} = 1.88\mathrm{d}$，取为 2d。

故装饰阶段流水施工的时间为：

$$T = K_{楼地面,顶棚墙面} + K_{顶棚墙面,门窗扇} + K_{门窗扇,玻璃油漆} + T_{玻璃油漆}$$
$$= (10 + 21 + 8 + 2 \times 6)d = 51d。$$

5）台阶、散水及其他施工过程不参与流水，其劳动量为 70 工日，采用一班制施工，施工班组人数为 17 人，其流水持续时间为：$t_{散水} = \dfrac{70}{17 \times 1}d = 4.12d$，取为 4d。

本工程流水施工进度如图 2-15 所示。

实例 2　框架结构房屋的流水施工

某三层框架结构办公楼，建筑面积为 2185m²。基础为柱下钢筋混凝土独立基础，部分为带形基础；主体工程为全现浇框架结构；装修工程为塑钢窗，内门为胶合板门；外墙喷涂；顶棚、内墙中级抹灰，普通涂料刷白；楼地面铺地板砖；屋面保温层为聚苯乙烯泡沫塑料板、改性沥青油毡防水层、小石子着色剂保护层。其劳动量一览表见表 2-4。

表 2-4　某三层框架结构办公楼劳动量一览表

序　号	分项工程名称	劳动量/（工日或台班）	序　号	分项工程名称	劳动量/（工日或台班）
	基础工程		14	砌墙	864
1	机械挖土方	5		屋面工程	
2	混凝土垫层	25	15	屋面防水层	52
3	绑扎基础钢筋	45	16	屋面找坡层、保温层	171
4	基础模板	64		装饰工程	
5	基础混凝土	73	17	外墙喷涂	191
6	回填土	118	18	楼地面	711
	主体工程		19	顶棚墙面中级抹灰	1232
7	脚手架	221	20	塑钢窗扇安装	58
8	柱钢筋	95	21	胶合板门安装	67
9	楼梯、柱、梁、板模板	1523	22	顶棚、墙面涂料	283
10	柱混凝土	142	23	油漆	57
11	楼梯、梁、板钢筋	540	24	散水、台阶等	60
12	楼梯、梁、板混凝土	667		水暖电等安装工程	
13	拆模	277			

本工程由基础、主体、屋面、装饰、水暖电安装等分部工程组成，先组织各分部工程的流水施工，然后再考虑各分部工程之间的相互搭接，其具体组织方法如下所述。

（1）基础工程　基础工程由机械挖土方、混凝土垫层、绑扎基础钢筋、基础混凝土、回填土等施工过程组成。挖土方为机械施工，应与其他手工操作的施工过程分开考虑，不参与流水。对其他施工过程，分为两个施工段组织流水施工。

1）机械挖土方 5 个台班，采用一台机械两班制施工，其持续时间为：$t_{挖土} = \dfrac{5}{2}d = 2.5d$。

2）混凝土垫层劳动量为 25 工日，采用一班制施工，施工班组人数为 12 人，其流水节拍为：$t_{垫层} = \dfrac{25}{12 \times 1}d = 2.08d$，取为 2d。

3）绑扎基础钢筋劳动量为 45 工日，采用一班制施工，施工班组人数为 8 人，分为两个施工段，其流水节拍为：$t_{绑筋} = \dfrac{45}{2 \times 8 \times 1}d = 2.81d$，取为 3d。

序号	分部分项工程名称	劳动量/(工日或合班)	班组人数	班制	持续时间	施工进度/d
1	施工准备				3	
	基础工程					
2	机械挖土方	16	2台	2	4	
3	混凝土垫层	36	18	1	2	
4	基础支模与绑筋	80	20	1	4	
5	条形基础垫混凝土	160	26	3	2	
6	砖基础	96	16	1	6	
7	地圈梁	52	26	1	2	
8	回填土	107	26	1	4	
	主体工程					
9	脚手架					
10	构造柱钢筋绑扎	40	3	1	12	
11	砌砖墙	1425	20	1	72	
12	支模板	637	26	1	24	
13	绑扎钢筋	561	23	1	24	
14	浇楼梯,梁,板混凝土	432	19	2	12	
15	拆模					
	屋面工程					
16	保温层	146	29	1	5	
17	找平层	47	15	1	3	
18	防水层	61	10	1	6	
	装饰工程					
19	外墙装饰	766	37	1	20	
20	楼地面,瓷砖	590	25	1	24	
21	顶棚,内墙抹灰	1302	36	1	36	
22	门窗扇安装	107	6	1	18	
23	玻璃,油漆	79	7	1	12	
24	台阶,散水及其他	70	17	1	4	
25	水,暖,电,卫安装					

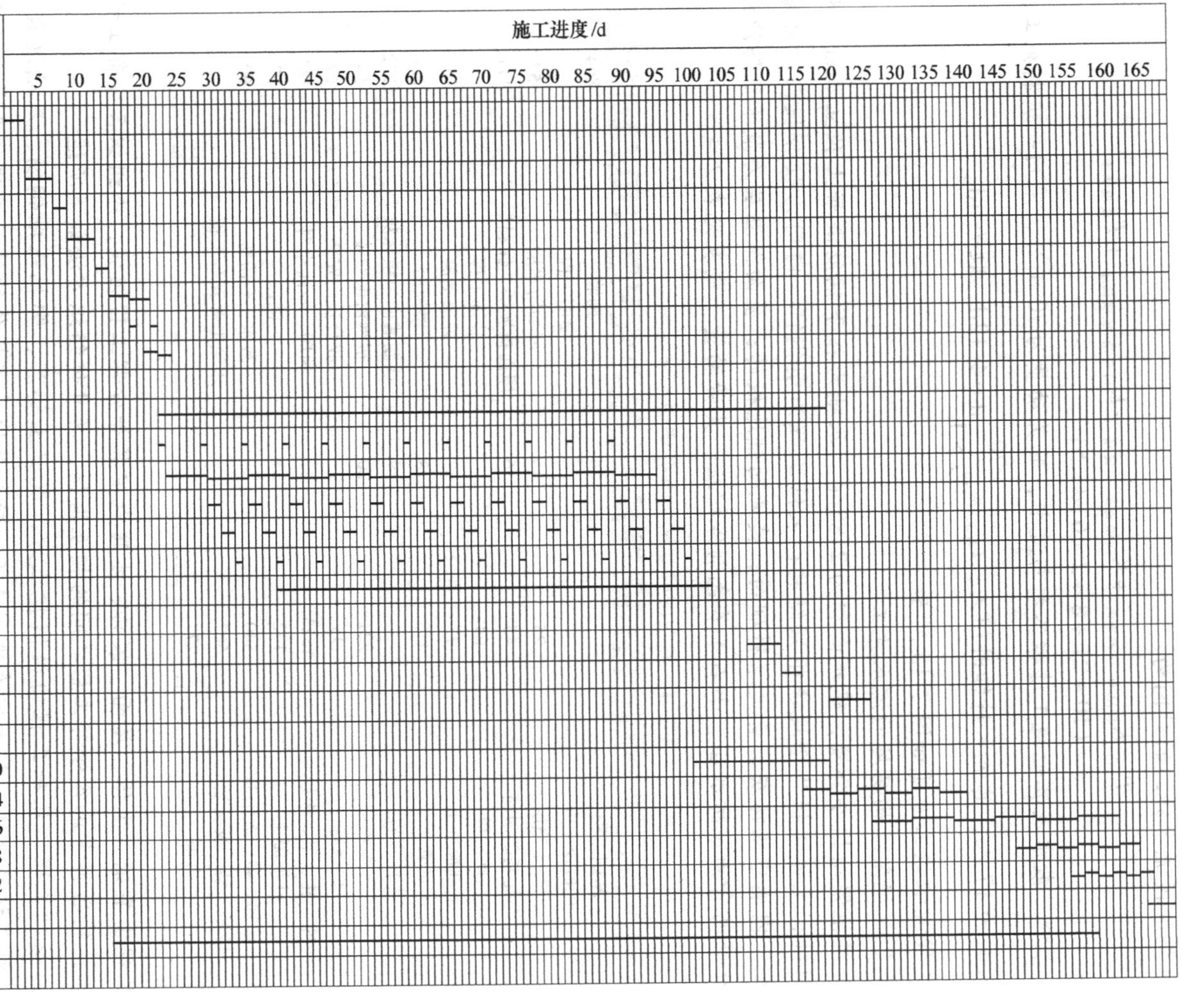

图 2-15 砖混结构工程流水施工进度计划

4）基础模板劳动量为 64 工日，采用一班制施工，施工班组人数为 11 人，分为两个施工段，其流水节拍为：$t_{模板} = \dfrac{64}{2 \times 11 \times 1} d = 2.91 d$，取为 3d。

5）基础混凝土劳动量为 73 工日，采用一班制施工，施工班组人数为 12 人，分为两个施工段，其流水节拍为：$t_{混凝土} = \dfrac{73}{2 \times 12 \times 1} d = 3.04 d$，取为 3d。

6）回填土劳动量为 118 工日，采用一班制施工，施工班组人数为 20 人，分为两个施工段，其施工持续时间为：$t_{回填土} = \dfrac{118}{2 \times 20 \times 1} d = 2.95 d$，取为 3d。

故基础的施工时间为：

$$T = t_{挖土方} + K_{垫层,绑筋} + K_{绑筋,模板} + K_{模板,混凝土} + K_{混凝土,回填} + T_{回填}$$
$$= (2.5 + 1 + 3 + 3 + 3 + 3 \times 2) d = 18.5 d。$$

（2）主体工程　主体工程由脚手架，柱钢筋，楼梯、柱、梁、板模板，柱混凝土，楼梯、梁、板钢筋，楼梯、梁、板混凝土，拆模，砌墙等施工过程组成。其中，支梁板楼梯模板为主导施工过程，所以在安排流水施工时应主要考虑此过程的连续施工，其他施工过程则根据工艺要求尽量平行搭接进行。将主体工程在平面上划分为两个施工段，其具体组织安排如下所述。

1）柱钢筋劳动量为 95 工日，采用一班制施工，施工班组人数为 16 人，每层两个施工段，共三层，其流水节拍为：$t_{柱筋} = \dfrac{95}{6 \times 16 \times 1} d = 0.99 d$，取为 1d。

2）楼梯、柱、梁、板模板劳动量为 1523 工日，采用两班制施工，施工班组人数为 21 人，每层两个施工段，共三层，其流水节拍为：$t_{柱梁板模板} = \dfrac{1523}{6 \times 21 \times 2} d = 6.04 d$，取为 6d。

3）柱混凝土劳动量为 142 工日，采用两班制施工，施工班组人数为 12 人，每层两个施工段，共三层，其流水节拍为：$t_{柱混凝土} = \dfrac{142}{6 \times 12 \times 2} d = 0.99 d$，取为 1d。

4）楼梯、梁、板钢筋劳动量为 540 工日，采用两班制施工，施工班组人数为 22 人，每层两个施工段，共三层，其流水节拍为：$t_{梯梁板钢筋} = \dfrac{540}{6 \times 22 \times 2} d = 2.05 d$，取为 2d。

5）楼梯、梁、板混凝土劳动量为 667 工日，采用三班制施工，施工班组人数为 18 人，每层两个施工段，共三层，其流水节拍为：$t_{梯梁板混凝土} = \dfrac{667}{6 \times 18 \times 3} d = 2.06 d$，取为 2d。

6）拆模劳动量为 277 工日，采用一班制施工，施工班组人数为 20 人，每层两个施工段，共三层，其流水节拍为：$t_{拆模} = \dfrac{277}{6 \times 20 \times 1} d = 2.31 d$，取为 2d。

7）砌墙劳动量为 864 工日，采用一班制施工，施工班组人数为 36 人，每层两个施工段，共三层，其流水节拍为：$t_{砌墙} = \dfrac{864}{6 \times 36 \times 1} d = 4 d$。

故主体阶段的施工时间为：

$$T = K_{柱筋,模板} + K_{模板,柱混凝土} + K_{柱混凝土,梁板筋} + K_{梁板筋,梁板混凝土} + K_{梁板混凝土,拆模} + K_{拆模,砌墙} + T_{砌墙} + $$

$$\sum t_j = (1 + 6 + 1 + 2 + 14 + 2 + 24 + 8)d = 58d。$$

（3）屋面工程　屋面工程由屋面找坡层、保温层、防水层等施工过程组成。考虑到屋面工程的防水要求，屋面工程不再划分施工段。

1）屋面防水层劳动量为 52 工日，采用一班制施工，施工班组人数为 9 人，其流水节拍为：$t_{防水} = \dfrac{52}{9 \times 1}d = 5.8d$，取为 6d。

2）屋面找坡层、保温层劳动量为 171 工日，采用一班制施工，施工班组人数为 29 人，其流水节拍为：$t_{找坡,保温} = \dfrac{171}{29 \times 1}d = 5.9d$，取为 6d。

（4）装饰工程　装饰工程由外墙喷涂，楼地面，顶棚墙面中级抹灰，塑钢门窗扇安装，胶合板门，顶棚，墙面涂料，油漆，台阶、散水等施工过程组成。其中，外墙喷涂采用自上而下的施工顺序，不参与流水施工。其他室内装饰工程的施工采用自上而下的施工流向，每层作为一个施工段，组织异节拍流水施工。

1）外墙喷涂劳动量为 191 工日，采用一班制施工，施工班组人数为 21 人，其流水节拍为：$t_{外墙喷涂} = \dfrac{191}{21 \times 1}d = 9.1d$，取为 9d。

2）楼地面劳动量为 711 工日，采用一班制施工，施工班组人数为 30 人，共三层，其流水节拍为：$t_{楼地面} = \dfrac{711}{3 \times 30 \times 1}d = 7.9d$，取为 8d。

3）顶棚墙面中级抹灰劳动量为 1232 工日，采用一班制施工，施工班组人数为 45 人，共三层，其流水节拍为：$t_{顶棚抹灰} = \dfrac{1232}{3 \times 45 \times 1}d = 9.13d$，取为 9d。

4）塑钢窗扇及胶合板门安装劳动量为 125 工日，采用一班制施工，施工班组人数为 10 人，共三层，其流水节拍为：$t_{门窗扇} = \dfrac{125}{3 \times 10 \times 1}d = 4.17d$，取为 4d。

5）顶棚、墙面涂料劳动量为 283 工日，采用一班制施工，施工班组人数为 24 人，共三层，其流水节拍为：$t_{顶棚,墙面} = \dfrac{283}{3 \times 24 \times 1}d = 3.93d$，取为 4d。

6）油漆劳动量为 57 工日，采用一班制施工，施工班组人数为 6 人，共三层，其流水节拍为：$t_{油漆} = \dfrac{57}{3 \times 6 \times 1}d = 3.17d$，取为 3d。

7）台阶、散水等其他施工过程劳动量为 60 工日，施工班组人数为 10 人，则其施工持续时间为：$t_{其他} = \dfrac{60}{10 \times 1}d = 6d$。

在装饰阶段，对楼地面、顶棚墙面中级抹灰、门窗扇安装、胶合板门、顶棚、墙面涂料、油漆等施工过程组织异节拍流水施工，其流水工期为：

$$T = K_{顶棚墙面抹灰,地面} + K_{地面,门窗} + K_{门窗,涂料} + K_{涂料,油漆} + T_{油漆} = (11 + 16 + 4 + 6 + 9)d = 46d。$$

（5）水暖电安装工程　水、暖、电安装工程应随工程施工穿插进行。

施工进度计划表如图 2-16 所示。

施工进度计划

序号	分部分项工程名称	劳动量/(工日或台班)	班组人数	班制	持续时间	施工进度/d
1	施工准备				2.5	
	基础工程					
2	机械挖土方	5	12	2	2.5	
3	混凝土垫层	25	12	1	2	
4	绑扎基础钢筋	45	8	1	6	
5	基础模板	64	11	1	6	
6	基础混凝土	73	12	1	6	
7	回填土	118	20	1	6	
	主体工程					
8	脚手架搭拆	—	—	—	—	
9	柱钢筋	95	16	1	6	
10	楼梯,柱,梁,板模板	1523	21	2	36	
11	柱混凝土	142	12	2	6	
12	绑楼梯,梁,板钢筋	540	22	2	12	
13	楼梯,梁,板混凝土	667	18	3	12	
14	拆模	277	20	1	12	
15	砌筑,护墙	864	36	1	24	
	屋面工程					
16	屋面找坡层保温层	171	29	1	6	
17	屋面,防水层	52	9	1	6	
	装饰工程					
18	外墙喷涂	191	21	1	9	
19	天棚墙面中级抹灰	1232	45	1	27	
20	楼地面	711	30	1	24	
21	塑钢窗扇	125	10	1	12	
22	及胶合板门安装	283	24	1	12	
23	油漆	57	6	1	9	
24	台阶,散水及其他	60	10	1	6	
25	水,暖,电安装					

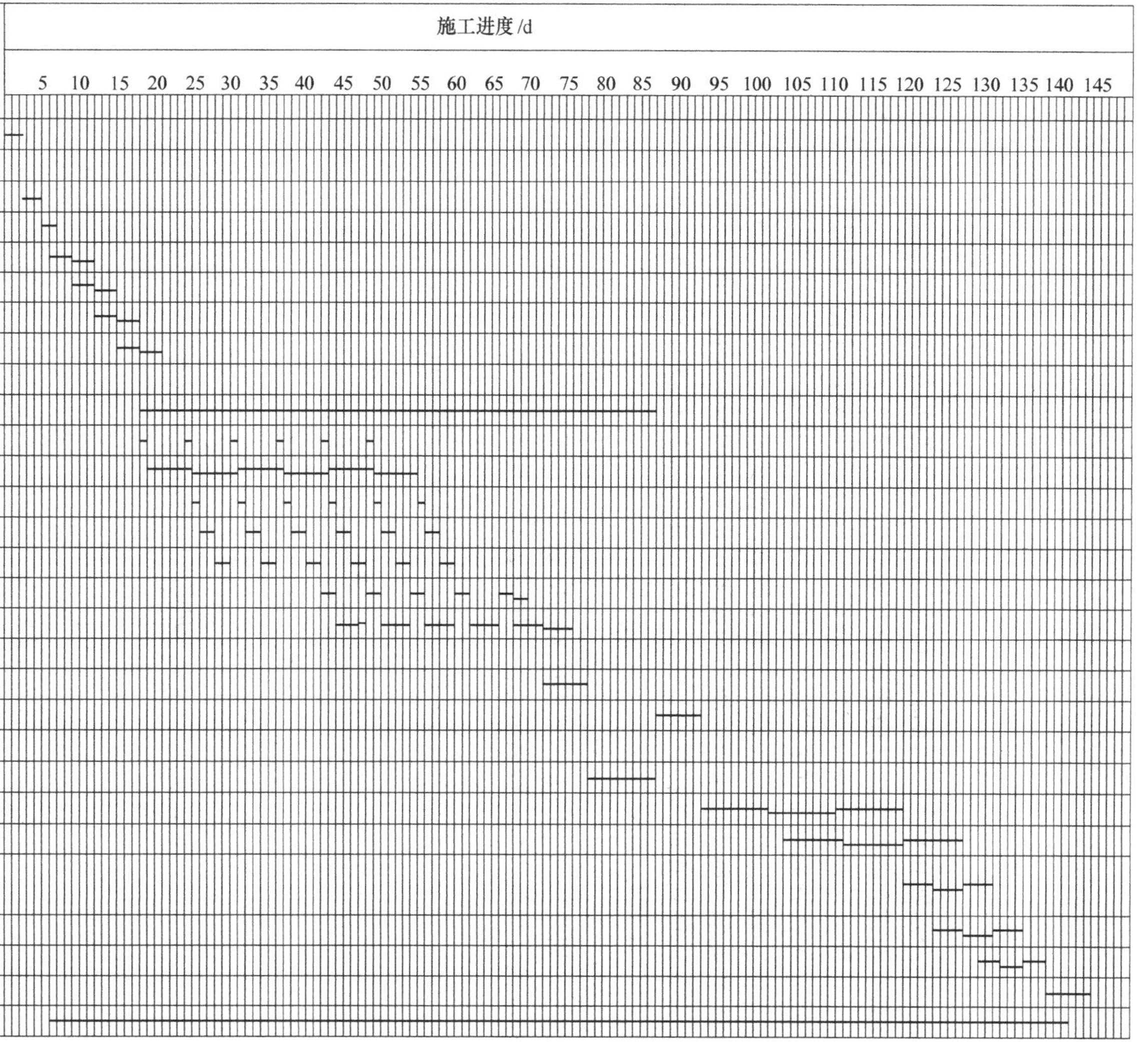

图2-16 框架结构工程施工进度计划

47

课题2 建筑工程网络计划

一、建筑工程网络计划概述

由于生产发展和日益完善的科学研究的需要，自20世纪50年代以来，国外陆续采用了一些计划管理方面的新方法，由于这些方法都建立在网络图形的基础上，因此统称为网络计划方法。这种方法逻辑严密，主要矛盾突出，有利于计划的优化、调整和在计算机上的应用，因此在工程管理中得到了广泛的应用。我国从20世纪60年代中期开始引进这种方法，经过多年的实践与应用，已经得到了不断的推广和发展。为了使工程网络计划技术在工程计划编制与控制的实际应用中遵循统一的技术规定，做到概念正确、计算原则一致和表达方式统一，以保证计划管理的科学性，住房和城乡建设部于2015年颁发了《工程网络计划技术规程》（JGJ/T 121—2015）。

1. 建筑工程网络计划的表示方法

网络计划是用网络图表达工程任务的构成、工作顺序并加注工作时间参数的进度计划，通常有双代号和单代号两种表示方法，如图2-17、图2-18所示。

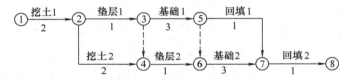

图2-17 双代号网络图

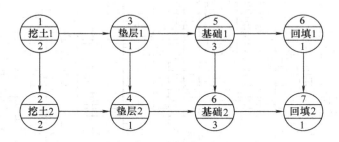

图2-18 单代号网络图

在工程实践中，将网络图与时间坐标有机地结合起来应用，形成了时间坐标网络计划，将双代号网络图与流水施工原理有机地结合起来应用，形成了流水施工网络图，分别如图2-19、图2-20所示。

2. 建筑工程网络计划的基本原理

网络计划方法的基本原理：首先，绘制工程施工网络图，以此表达计划中各工作先后顺序的逻辑关系，通过计算找出关键的线路及施工过程，分析各施工过程在网络图中的地位；其次，按选定目标不断改善计划安排，选择优化方案，并付诸实施；最后，在执行过程中进行有效的控制和监督。

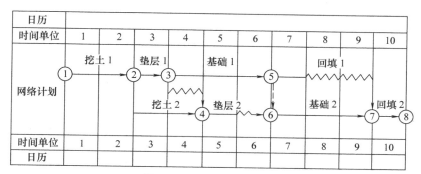

图 2-19　时间坐标网络图

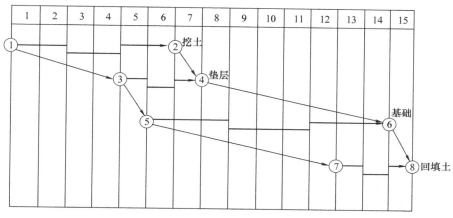

图 2-20　流水施工网络图

　　在建筑工程中，网络计划方法主要用来编制建筑企业的生产计划和工程施工的进度计划，并对计划进行优化、调整和控制，以达到缩短工期、提高工效、降低成本、增加经济效益的目的。

　　3. 横道计划与网络计划的比较

　　（1）横道计划　横道计划是结合时间坐标的用一系列水平线段分别表示各项工作起始时间和先后顺序的计划。

　　1）优点：绘图较简便，表达形象直观，便于统计劳动力、材料、机具的需要量；流水作业排列整齐有序，表达清楚；结合时间坐标，清楚地表示出各项工作的起止时间、作业延续时间、工作进度、总工期。

　　2）缺点：不能反映出各项工作之间相互制约、相互联系、相互依赖的生产和协作关系；不能明确指出哪些工作是关键的、哪些不是关键的，即不能明确反映关键线路且看不出可以灵活机动使用的时间，也不能指出计划安排的潜力有多大；不能应用计算机进行计算，更不能对计划进行科学的调整与优化。

　　【例 2-11】　某分部工程分为 A、B、C、D 四个施工过程，每个施工过程划分为两个施工段，其流水节拍都是 3d，该工程的横道计划如图 2-21 所示，网络计划如图 2-22 所示。

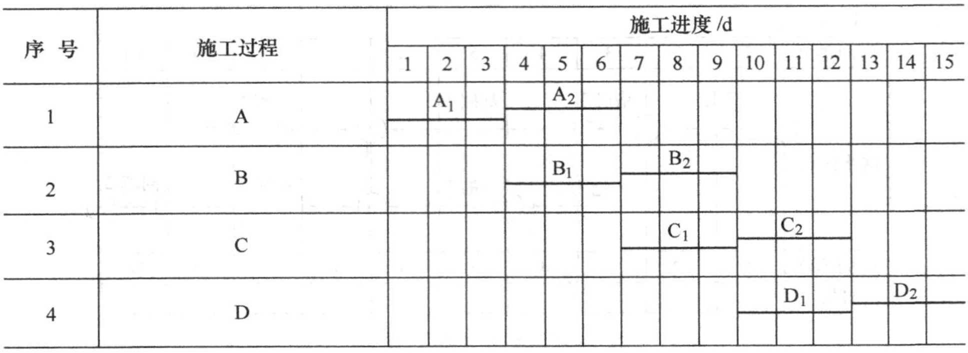

序 号
施工过程
施工进度 /d
1 2 3 4 5 6 7 8 9 10 11 12 13 14 15
1
A
A_1
A_2
2
B
B_1
B_2
3
C
C_1
C_2
4
D
D_1
D_2

图 2-21　某分部工程横道计划进度图

1 2 3 4 5 6 7 8
A_1 3
B_1 3
C_1 3
D_1 3
A_2 3
B_2 3
C_2 3
D_2 3

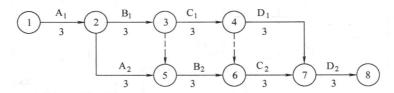

图 2-22　某分部工程双代号网络计划图

（2）网络计划　网络计划是采用一系列箭线和节点所组成的网状图形来表示各项工作的先后顺序与相互制约、相互联系的计划。

网络计划与横道计划相比，其优缺点如下所述。

1）优点：能全面反映各项工作之间相互制约、相互联系的关系；通过网络计划的时间参数计算，能确定各项工作的开始时间与结束时间，并能找出影响整个工程进度的关键工作与关键线路，便于管理人员集中精力抓住施工中的主要矛盾，确保竣工工期，避免盲目抢工；可以利用计算得出的某些工作的机动时间，更好地利用和调配人力、物力，达到降低成本的目的；可以用计算机对复杂的计划进行计算、调整与优化，实现计划管理的科学化。

2）缺点：计划表达不直观，不易看懂，不能反映流水施工的特点；计划不易显示资源平衡情况。

以上缺点可以采用时间坐标网络计划来表示。

二、双代号网络图

在双代号网络图中，用一条箭线表示一项工作或一个施工过程，箭线方向表示工作的进行方向，且应始终保持从左指向右。通常，工作名称标注在箭线的上面，工作时间或资源数量标注在箭线的下面；箭头表示工作的结束，箭尾表示工作的开始，在箭线的两端分别画一个圆圈作为节点，并在节点内进行编号，如图 2-23 所示。用箭尾节点号码 i 和箭头节点号码 j 作为这个工作的代号，这种表示方法叫双代号表示法。

1. 双代号网络计划的基本要素

双代号网络图是由箭线、节点、线路三个基本要素组成的。

图 2-23 双代号表示法

（1）箭线 箭线又分为实箭线与虚箭线。

1）实箭线。一条实箭线表示一项工作或一个施工过程，箭线表示的工作可大可小。在控制性网络计划中，一条箭线可以表示一个单位工程或一个工程项目；在实施性网络计划中，一条箭线可以表示一个施工过程（如挖土、垫层、基础、回填土等）。

每项工作的完成都要消耗一定的时间及资源，只消耗时间不消耗资源的工作，如混凝土养护、砂浆找平层干燥等技术间歇，若单独考虑时，也应作为一项工作来对待，均用实箭线来表示，如图 2-24 所示。

图 2-24 双代号网络图实箭线表达内容示意图

箭线的长度并不表示该工作所占用时间的长短。箭线可以画成直线、折线和斜线，必要时也可以画成曲线，但应以水平直线为主。箭线水平投影的方向从左指向右，用来表示工作进行的方向，因此，除了虚工作，一般箭线均不宜画成垂直线。

2）虚箭线。为了正确表达相关的逻辑关系，有时必须使用一种虚箭线，它是不消耗时间也不消耗资源且一般不标注名称的持续时间为零的一个虚工作，如图 2-25 所示。

图 2-25 虚箭线的两种表示方式

（2）节点 在双代号网络图中，节点用圆圈表示，圆圈内的数字为节点编号，它表示的内容有以下几个方面：

1）节点表示前面工作的结束和后面工作的开始的瞬间，节点不需要消耗时间和资源。

2）节点根据其位置不同可以表示为起点节点、终点节点、中间节点。起点节点就是网络图的第一个节点，它表示一项计划（或工程）的开始；终点节点表示一项计划（或工程）的结束；中间节点就是网络图中的任何一个中间节点，它既表示紧前工作的结束，也表示紧后工作的开始。如图 2-26 所示，B 的紧前工作是 A，B 的紧后工作是 C。

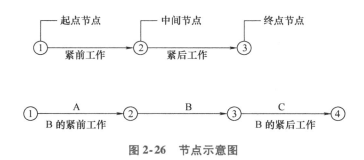

图 2-26 节点示意图

3）双代号网络图中，一项工作应只有唯一的一条箭线和相应的一对节点编号，箭尾的节点编号应小于箭头的节点编号（$i < j$），节点编号应从小到大，可不连续，但严禁重复出现。

4）对一个节点而言，可以有许多箭线通向该节点，这些箭线称为"内向箭线"或"内向工作"；同样也可以有许多箭线从同一节点出发，这些箭线称为"外向箭线"或"外向工作"，如图 2-27 所示。

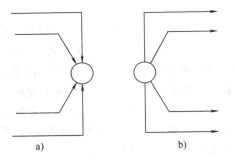

图 2-27 内向箭线和外向箭线
a）内向箭线 b）外向箭线

（3）线路 从网络图的起点节点到终点节点，沿着箭线方向顺序通过一系列箭线与节点的通路，称为线路。一个网络图中，从起点节点到终点节点，一般都存在着多条线路，每条线路所需的时间之和往往各不相同，如图 2-28 所示，其中 6 条线路均有各自的总持续时间，见表 2-5。

任何一个网络图中至少存在一条总时间最长的线路，这条线路称为关键线路，如图 2-28 中①→②→④→⑧→⑨→⑩这条线路的总持续时间决定了此网络计划的工期，这条线路是如期完成工程计划的关键所在。在关键线路上的工作称为关键工作，一般用粗线、双线或彩色线标注，如图 2-28 所示。

在一个网络图中有可能出现几条关键线路，但这几条关键线路的施工持续时间相等。其他线路长度均小于关键线路，称为非关键线路。

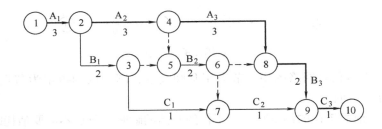

图 2-28 网络计划

表 2-5 各线路的总持续时间

线　路	总持续时间/d	关 键 线 路
①→②→④→⑧→⑨→⑩	3 + 3 + 3 + 2 + 1 = 12	12
①→②→④→⑤→⑥→⑧→⑨→⑩	11	
①→②→④→⑤→⑥→⑦→⑨→⑩	10	
①→②→③→⑤→⑥→⑧→⑨→⑩	10	
①→②→③→⑤→⑥→⑦→⑨→⑩	9	
①→②→③→⑦→⑨→⑩	8	

　　关键线路不是一成不变的，在一定的条件下，关键线路和非关键线路会互相转化，如当关键工作的施工时间缩短或非关键工作的施工时间拖延时，就有可能使关键线路发生转移。但在网络计划中，关键工作的比重往往不宜过大，否则不利于工程组织者集中力量抓好主要矛盾。

　　图2-28中第一条线路的持续时间为12d，而其余各条线路的持续时间均小于12d，故都是非关键线路，非关键线路与关键线路相比都有若干天的机动时间，例如，第六条线路的持续时间为8d，在不影响计划工期的前提下，第六条线路具有4d的机动时间（富裕时间），这就是时差。非关键工作可以在时差允许的范围内放慢施工进度，将部分人力、物力转移到关键工作上，以加快关键工作的进行；或者在时差允许的范围内改变工作开始和结束的时间，以达到均衡施工的目的。

　　2. 双代号网络图的绘制

　　双代号网络图的绘制是网络计划方法应用的关键，在绘制双代号网络图时要正确表达各种逻辑关系，遵守绘图的基本规则，选择恰当的排列方法。

　　（1）网络图的逻辑关系　　网络图的逻辑关系是指网络计划中所表示的各个工作之间客观上存在或主观上安排的先后顺序关系。工作之间的逻辑关系可划分为两类：一类为工艺关系，称为工艺逻辑；另一类为组织关系，称为组织逻辑。

　　1）工艺逻辑关系。工艺逻辑关系是由生产工艺和操作规程所决定的各个工作之间客观上存在的先后顺序。例如，建筑工程施工时，先做基础后做主体，先做结构后做装修，这些顺序是不能随意改变的。对于一个具体的分部工程来说，当确定了施工方法后，则该分部工程的各个工作的先后顺序一般是固定的，有的是绝对不能颠倒的，如现场制作预制桩必须在绑扎好钢筋笼和安装好模板以后才能浇捣混凝土。

　　2）组织逻辑关系。组织逻辑关系是指在不违反工艺关系的前提下，在各工作之间人为安排的先后顺序。这种关系不受施工工艺的限制，也不是工程性质本身决定的，可以根据具体情况，按安全、经济、高效的原则统筹安排。例如，有A、B两幢房屋基础工程的土方开挖，如果施工方案确定使用一台抓挖挖土机，那么要挖的顺序究竟是先A后B还是先B后A，应该取决于施工方案所做出的决定。

　　无论工艺逻辑关系还是组织逻辑关系，在网络图中均表现为工作进行的先后顺序。

　　（2）网络图的逻辑关系的表示

　　1）逻辑关系的正确表示。在绘制网络计划时，必须正确反映各工作之间的逻辑关系，常见逻辑关系的正确表示方法见表2-6。

表2-6　网络图中逻辑关系的正确表示方法

序号	逻辑关系	双代号表示方法	单代号表示方法
1	A完成后进行B，B完成后进行C	○—A→○—B→○—C→○	(A)→(B)→(C)
2	A完成后同时进行B和C	○—A→○（B、C分支）	(A)→(B)、(C)

（续）

序号	逻 辑 关 系	双代号表示方法	单代号表示方法
3	A 和 B 都完成后进行 C	A、B 完成后 C	A、B → C
4	A 和 B 都完成后同时进行 C 和 D	A、B 完成后 C、D	A、B → C、D
5	A 完成后进行 C，A 和 B 都完成后进行 D	A → C，A、B → D	A → C，B、D

2）虚箭线的作用。虚箭线有逻辑连接和逻辑间断两种作用。

虚箭线的逻辑连接：在双代号网络图中，为了正确地表达逻辑关系，往往要应用虚箭线，例如，有 A、B、C、D、E 五项工作，C 随 A 后，E 随 B 后，而工作 A、B 完成后 D 才能开始，即 D 受控于 A、B，而 C 与 B 无关，E 与 A 无关。此时，应分别引入虚箭线连接 A、D 和 B、D，才能正确反映它们之间的逻辑关系，如图 2-29 所示。

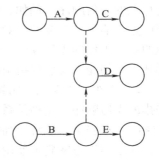

图 2-29 虚箭线的逻辑连接

虚箭线的逻辑间断：用网络图表示流水作业时，在两个没有关系的工作之间，有时会产生错误的联系，此时，必须用虚箭线切断不合理的联系，消除逻辑上的错误。例如，某主体工程现浇板施工有支模、绑筋、浇筑混凝土三个施工过程，并分为三个施工段组织流水施工。如图 2-30 所示的网络图，明显存在错误，因为浇筑 1 与支模 2、浇筑 2 与支模 3 之间本来没有逻辑关系，而该图却表示有联系。

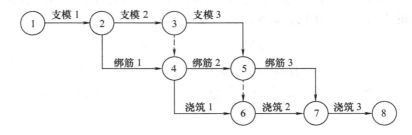

图 2-30 逻辑关系错误的网络图

改正这种错误的方法，是用虚箭线切断错误的联系，其正确的网络图如图 2-31 所示，图中增加了③→⑤和⑥→⑧两个虚箭线，起到了逻辑间断的作用。

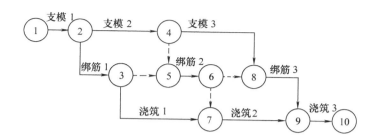

图 2-31　逻辑关系正确的网络图

（3）绘制网络图的基本规则　网络图除了正确反映工作之间的各种逻辑关系外，还必须遵循以下几条规则。

1）在网络图中，不允许一个代号代表一个工作，如在图 2-32a 中，工作 D 与 A 的表达是错误的，正确的表达应如图 2-32b 所示。

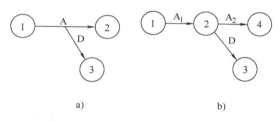

图 2-32　不允许一个代号代表一项工作
a）错误　b）正确

2）在网络图中，不允许出现同样编号的节点或箭线，如在图 2-33a 中，A、B、C 三个工作均用①→②代号表示是错误的，正确的表达应如图 2-33b、c 所示。

3）在网络图中，只允许有一个起点节点和一个终点节点，如在图 2-34 中，出现 1、2 两个起点节点是错误的，出现 7、8 两个终点节点也是错误的。

4）在网络图中，严禁出现循环回路，尽量避免反向箭线，即不允许出现从一个节点出发且沿着箭线方向再返回到原来的节点，如在图 2-35 中，⑤→②是一个反向箭线，导致②→③→⑤→②形成了循环回路，它所表达的逻辑关系是错误的。

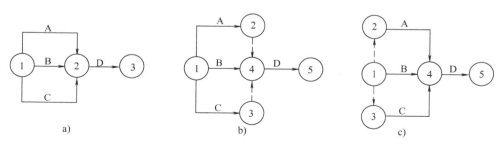

图 2-33　不允许出现同样编号的节点或箭线
a）错误　b）正确　c）正确

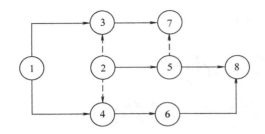

图 2-34　只允许有一个起点节点和一个终点节点　　　图 2-35　不允许出现循环回路

5）在网络图中，严禁出现带双向箭头或无箭头的工作，如在图 2-36 中，③→⑤工作无箭头，②→⑤工作有双向箭头，均是错误的。

6）在网络图中，不允许出现没有箭头节点的箭线和没有箭尾节点的箭线，如图 2-37 所示。

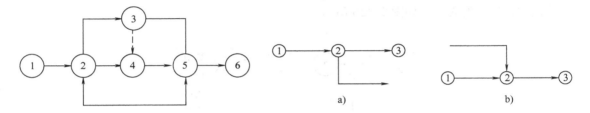

图 2-36　不允许出现带双向箭头或无箭头　　　图 2-37　没有箭尾节点和没有箭头节点的箭线
　　　　　　　　　　　　　　　　　　　　　　a）没有箭头节点的箭线　b）没有箭尾节点的箭线

7）在网络图中，应尽量避免交叉箭线，当无法避免且交叉少时，应采用过桥法表示；当箭线交叉过多时，应采用指向法表示，如图 2-38 所示。采用指向法时应注意节点编号指向的大小关系，使箭尾节点的编号小于箭头节点的编号。为了避免出现箭尾节点的编号大于箭头节点的编号的情况，指向法一般只在网络图已编号后使用。

8）网络图的起点节点或终点节点有多条外向箭线和内向箭线时，可采用母线法绘制，如图 2-39 所示。

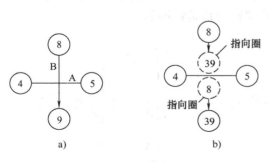

图 2-38　箭线交叉的表示方法
a）过桥法　b）指向法

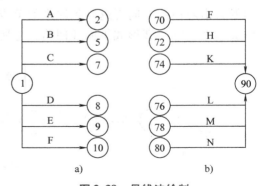

图 2-39　母线法绘制
a）有多条外向箭线　b）有多条内向箭线

（4）网络图的排列方法

1）工艺顺序按水平方向排列。这种方法是各工作根据工艺顺序按水平方向排列，而施工段按垂直方向排列。例如，某工程有挖土、垫层、基础、回填土四项工作，并分三个施工段组织流水施工，如图2-40所示。

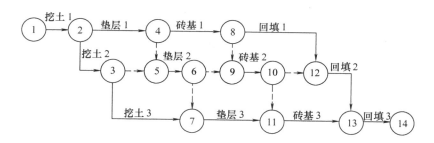

图2-40 工艺顺序按水平方向排列

又如，某五层建筑内装修有地面、顶棚粉刷、内墙粉刷、安装门窗四项工作，在作业中采用自上而下的顺序组织施工，如图2-41所示。

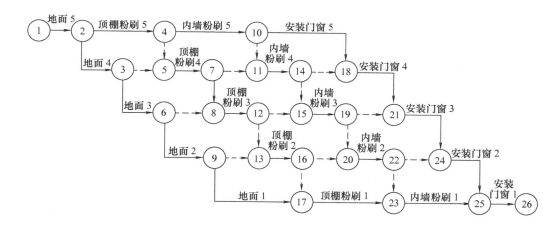

图2-41 内装修的工艺顺序按水平方向排列

2）施工段按水平方向排列。这种方法是施工段按水平方向排列，而工艺顺序按垂直方向排列，如图2-42所示。

（5）网络图的连接 编制一个工程规模比较大或有多幢房屋工程的网络计划时，一般先按不同的分部工程编制局部网络图，然后根据其相互之间的逻辑关系进行连接，形成一个总体网络图。如图2-43所示为某工程的基础、主体和装修三个分部工程网络图连接而成的总体网络图。

（6）绘制网络图时应注意的问题

1）层次分明、重点突出。绘制网络图时，首先应遵循网络图的绘制规则，画出一张符合工艺逻辑关系、组织逻辑关系的网络图草图，然后检查并整理出一幅条理清楚、层次分明、重点突出的网络图。

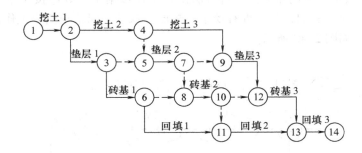

图 2-42　施工段按水平方向排列

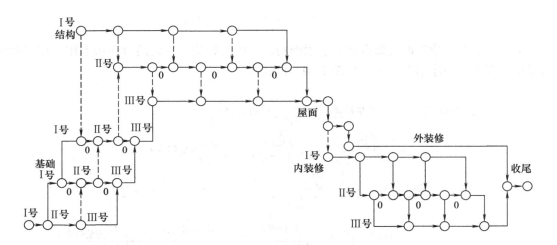

图 2-43　网络图的连接

2）构图形式要简捷、易懂，通常网络图的箭线应以水平线为主，竖线为辅，还应尽量避免画成曲线，如图 2-44 所示。

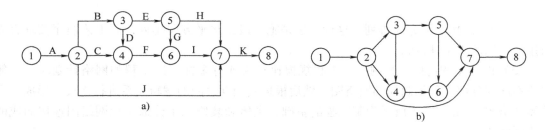

图 2-44　绘制要求

a）较好　b）较乱

3）力求减少不必要的虚箭线。如图2-45a所示，⑧→⑩、⑨→⑩为不必要的虚箭线，正确的画法应如图2-45b所示。

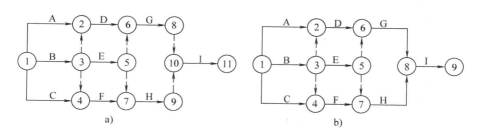

图 2-45　减少虚箭线

a）错误　b）正确

（7）网络图绘图示例　根据如表2-7所示的各工作间的逻辑关系，绘制双代号网络图，如图2-46所示。

表 2-7　某工程各工作间的逻辑关系

工　作	A	B	C	D	E	F	G	H
紧前工作	无	A	B	B	B	C、D	C、E	F、G
紧后工作	B	C、D、E	F、G	F	G	H	H	无

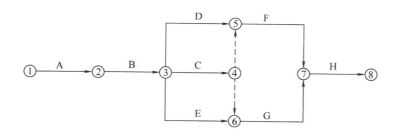

图 2-46　某工程网络图

3. 双代号网络图时间参数的计算

计算双代号网络图时间参数的目的：确定关键线路，以便在工作中能抓住主要矛盾，向关键线路要时间；计算非关键线路上的富裕时间，明确其存在多少机动时间，向非关键线路要劳力、要资源；确定总工期，做到工程进度心中有数。

双代号网络图时间参数的计算方法通常有图上计算法、表上计算法、矩阵计算法、电算法等，本节主要介绍图上计算法和表上计算法。

（1）各项时间参数　网络计划时间参数包括最早开始和最迟开始时间、最早完成和最迟完成时间、工期、总时差和自由时差。表示它们的符号如下：

D_{i-j} 为工作 $i-j$ 的持续时间（duration）；

ET_i 为节点 i 的最早时间（earliest event time）；

ET_j 为节点 j 的最早时间；

LT_i 为节点 i 的最迟时间（latest event time）；

LT_j 为节点 j 的最迟时间；

$ES_{i—j}$ 为工作 $i—j$ 的最早开始时间（earliest start time）；

$LS_{i—j}$ 为工作 $i—j$ 的最迟开始时间（latest start time）；

$EF_{i—j}$ 为工作 $i—j$ 的最早完成时间（earliest finish time）；

$LF_{i—j}$ 为工作 $i—j$ 的最迟完成时间（latest finish time）；

$FF_{i—j}$ 为工作 $i—j$ 的自由时差（free float）；

$TF_{i—j}$ 为工作 $i—j$ 的总时差（total float）。

（2）图上计算法　这种方法是直接在网络图上进行计算的，简单直观，应用广泛。双代号网络计划时间参数的计算方法有按节点计算法和按工作计算法两种。

1）时间参数的标注形式。按节点计算法计算时间参数，其计算结果应标注在节点之上，如图2-47a所示；按工作计算法计算时间参数，其计算结果应标注在箭线之上，如图2-47b所示。

2）按节点计算法计算时间参数。计算之前，在网络图上应先画好时间参数的标注符号"⊥"，各节点的最早时间和最迟时间则直接标注在节点的上方。

计算节点的最早时间 ET_i：节点最早时间是以该节点为开始节点的各项工作的最早开始时间。

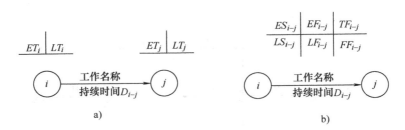

图2-47　时间参数标注形式

a）按节点计算法　b）按工作计算法

假定起点节点1的最早时间为零，即有 $ET_1 = 0$；

中间节点 j 的最早时间：当节点 j 只有一条内向箭线时，其最早时间 ET_j 应按式（2-15）计算：

$$ET_j = ET_i + D_{i—j} \tag{2-15}$$

当节点 j 有多条内向箭线时，其最早时间 ET_j 应按式（2-16）计算：

$$ET_j = \max\{ET_i + D_{i—j}\} \tag{2-16}$$

节点的最早时间计算应从网络计划的起点节点开始直至终点节点，即顺着箭线方向从左到右做相加运算，当有箭头相碰的节点时，取其最大值。

在如图2-48所示的网络图中，各节点最早时间计算如下所述：

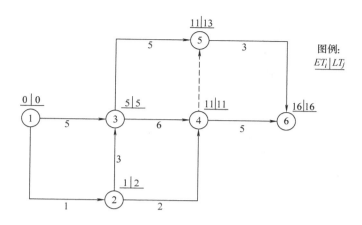

图例:
$ET_i | LT_j$

图2-48　双代号网络计划按节点计算法

$ET_1 = 0$

$ET_2 = ET_1 + D_{1-2} = 0 + 1 = 1$

$ET_3 = \max\{ET_1 + D_{1-3}\} = 0 + 5 = 5$　　　　$ET_3 = 5$

或 $ET_3 = \max\{ET_2 + D_{2-3}\} = 1 + 3 = 4$

$ET_4 = \max\{ET_2 + D_{2-4}\} = 1 + 2 = 3$　　　　$ET_4 = 11$

或 $ET_4 = \max\{ET_3 + D_{3-4}\} = 5 + 6 = 11$

$ET_5 = \max\{ET_3 + D_{3-5}\} = 5 + 5 = 10$　　　　$ET_5 = 11$

或 $ET_5 = \max\{ET_4 + D_{4-5}\} = 11 + 0 = 11$

$ET_6 = \max\{ET_4 + D_{4-6}\} = 11 + 5 = 16$　　　　$ET_6 = 16$

或 $ET_6 = \max\{ET_5 + D_{5-6}\} = 11 + 3 = 14$

网络计划的工期分为三种:计算工期 T_C、要求工期 T_r、计划工期 T_p。

计算工期 T_C 是由时间参数计算确定的工期,它等于终点节点 n 的最早时间,即 $T_C = ET_n$,也等于关键线路的持续时间之和。

要求工期 T_r 是主管部门或合同条款所要求的工期。

计划工期 T_p 是根据计算工期和要求工期确定的,当已规定了要求工期 T_r 时,$T_p \leqslant T_r$;当未规定要求工期时,$T_p = T_C$。

计算节点的最迟时间 LT_i:节点的最迟时间是以该节点为开始节点的各项工作的最迟开始时间。

终点节点 n 的最迟时间 LT_n 应按网络计划的计划工期 T_p 确定,即 $LT_n = T_p$。当未规定要求工期时,这时网络计划终点节点的最迟时间等于其最早时间,即 $ET_n = LT_n$。

中间节点 i 的最迟时间:当节点 i 只有一条外向箭线时,其最迟时间 LT_i 应按式(2-17)计算:

$$LT_i = LT_j - D_{i-j} \tag{2-17}$$

当节点 i 有多条外向箭线时,其最早时间 ET_i 应按式(2-18)计算:

$$LT_i = \min\{LT_j - D_{i-j}\} \tag{2-18}$$

节点的最迟时间的计算应从网络计划的终点节点开始直至起点节点,即逆着箭线方向从右到左做相减运算,当有箭尾相碰的节点时,取其最小值。

如图2-48所示的网络图中,各节点最迟时间计算如下所述:

$LT_6 = ET_6 = 16$

$LT_5 = LT_6 - D_{5—6} = 16 - 3 = 13$

$LT_4 = \min\{LT_5 - D_{4—5}\} = 13 - 0 = 13$ $LT_4 = 11$

或 $LT_4 = \min\{LT_6 - D_{4—6}\} = 16 - 5 = 11$

$LT_3 = \min\{LT_4 - D_{3—4}\} = 11 - 6 = 5$ $LT_3 = 5$

或 $LT_3 = \min\{LT_5 - D_{3—5}\} = 13 - 5 = 8$

$LT_2 = \min\{LT_3 - D_{2—3}\} = 5 - 3 = 2$ $LT_2 = 2$

或 $LT_2 = \min\{LT_4 - D_{2—4}\} = 11 - 2 = 9$

$LT_1 = \min\{LT_2 - D_{1—2}\} = 2 - 1 = 1$ $LT_1 = 0$

或 $LT_1 = \min\{LT_3 - D_{1—3}\} = 5 - 5 = 0$

计算各工作的最早开始时间 $ES_{i—j}$ 和最早完成时间 $EF_{i—j}$：

工作的最早开始时间 $ES_{i—j}$ 等于其开始节点的最早时间，即 $ES_{i—j} = ET_i$。

工作的最早完成时间 $EF_{i—j}$ 等于其开始节点的最早时间加上工作持续时间，即 $EF_{i—j} = ET_i + D_{i—j}$。

如图 2-48 所示的网络图中，各工作的最早开始时间 $ES_{i—j}$ 和最早完成时间 $EF_{i—j}$ 计算如下所述：

$ES_{1—2} = ET_1 = 0$ $EF_{1—2} = ET_1 + D_{1—2} = 0 + 1 = 1$

$ES_{1—3} = ET_1 = 0$ $EF_{1—3} = ET_1 + D_{1—3} = 0 + 5 = 5$

$ES_{2—3} = ET_2 = 1$ $EF_{2—3} = ET_2 + D_{2—3} = 1 + 3 = 4$

$ES_{2—4} = ET_2 = 1$ $EF_{2—4} = ET_2 + D_{2—4} = 1 + 2 = 3$

$ES_{3—4} = ET_3 = 5$ $EF_{3—4} = ET_3 + D_{3—4} = 5 + 6 = 11$

$ES_{3—5} = ET_3 = 5$ $EF_{3—5} = ET_3 + D_{3—5} = 5 + 5 = 10$

$ES_{4—5} = ET_4 = 11$ $EF_{4—5} = ET_4 + D_{4—5} = 11 + 0 = 11$

$ES_{4—6} = ET_4 = 11$ $EF_{4—6} = ET_4 + D_{4—6} = 11 + 5 = 16$

$ES_{5—6} = ET_5 = 11$ $EF_{5—6} = ET_5 + D_{5—6} = 11 + 3 = 14$

计算各工作的最迟完成时间 $LF_{i—j}$ 和最迟开始时间 $LS_{i—j}$。

工作的最迟完成时间 $LF_{i—j}$ 等于其结束节点的最迟时间，即 $LF_{i—j} = LT_j$。

工作的最迟开始时间 $LS_{i—j}$ 等于其结束节点的最迟时间减去工作持续时间，即 $LS_{i—j} = LT_j - D_{i—j}$。

如图 2-48 所示的网络图中，各工作的最迟完成时间 $LF_{i—j}$ 和最迟开始时间 $LS_{i—j}$ 计算如下所述：

$LF_{1—2} = LT_2 = 2$ $LS_{1—2} = LT_2 - D_{1—2} = 2 - 1 = 1$

$LF_{1—3} = LT_3 = 5$ $LS_{1—3} = LT_3 - D_{1—3} = 5 - 5 = 0$

$LF_{2—3} = LT_3 = 5$ $LS_{2—3} = LT_3 - D_{2—3} = 5 - 3 = 2$

$LF_{2—4} = LT_4 = 11$ $LS_{2—4} = LT_4 - D_{2—4} = 11 - 2 = 9$

$LF_{3—4} = LT_4 = 11$ $LS_{3—4} = LT_4 - D_{3—4} = 11 - 6 = 5$

$LF_{3—5} = LT_5 = 13$ $LS_{3—5} = LT_5 - D_{3—5} = 13 - 5 = 8$

$LF_{4—5} = LT_5 = 13$ $LS_{4—5} = LT_5 - D_{4—5} = 13 - 0 = 13$

$LF_{4—6} = LT_6 = 16$ $LS_{4—6} = LT_6 - D_{4—6} = 16 - 5 = 11$

$$LF_{5\text{—}6} = LT_6 = 16 \qquad LS_{5\text{—}6} = LT_6 - D_{5\text{—}6} = 16 - 3 = 13$$

计算工作的总时差 $TF_{i\text{—}j}$：

总时差是在不影响工期的前提下本工作可以利用的机动时间（富裕时间）。工作的总时差 $TF_{i\text{—}j}$ 等于其结束节点的最迟时间减去起点节点最早时间和工作持续时间，即 $TF_{i\text{—}j} = LT_j - ET_i - D_{i\text{—}j}$。

如图 2-48 所示的网络图中，各工作的总时差 $TF_{i\text{—}j}$ 计算如下所述：

$$TF_{1\text{—}2} = LT_2 - ET_1 - D_{1\text{—}2} = 2 - 0 - 1 = 1$$
$$TF_{1\text{—}3} = LT_3 - ET_1 - D_{1\text{—}3} = 5 - 0 - 5 = 0$$
$$TF_{2\text{—}3} = LT_3 - ET_2 - D_{2\text{—}3} = 5 - 1 - 3 = 1$$
$$TF_{2\text{—}4} = LT_4 - ET_2 - D_{2\text{—}4} = 11 - 1 - 2 = 8$$
$$TF_{3\text{—}4} = LT_4 - ET_3 - D_{3\text{—}4} = 11 - 5 - 6 = 0$$
$$TF_{3\text{—}5} = LT_5 - ET_3 - D_{3\text{—}5} = 13 - 5 - 5 = 3$$
$$TF_{4\text{—}5} = LT_5 - ET_4 - D_{4\text{—}5} = 13 - 11 - 0 = 2$$
$$TF_{4\text{—}6} = LT_6 - ET_4 - D_{4\text{—}6} = 16 - 11 - 5 = 0$$
$$TF_{5\text{—}6} = LT_6 - ET_5 - D_{5\text{—}6} = 16 - 11 - 3 = 2$$

总时差主要用于控制工期和判别关键工作，凡是总时差为零的工作就是关键工作，其余总时差不为零的工作为非关键工作。关键工作在计划执行中不具备机动时间，一般用粗线、双线或彩色线标注。由关键工作组成的线路为关键线路，如图 2-48 中①→③→④→⑥的总时差为零，故为关键线路。

计算工作的自由时差 $FF_{i\text{—}j}$：

自由时差是在不影响其紧后工作最早开始时间的前提下工作可以利用的机动时间。工作的自由时差 $FF_{i\text{—}j}$ 等于其结束节点的最早时间减去起点节点的最早时间和工作持续时间，即：$FF_{i\text{—}j} = ET_j - ET_i - D_{i\text{—}j}$。

如图 2-48 所示的网络图中，各工作的自由时差 $FF_{i\text{—}j}$ 计算如下所述：

$$FF_{1\text{—}2} = ET_2 - ET_1 - D_{1\text{—}2} = 1 - 0 - 1 = 0$$
$$FF_{1\text{—}3} = ET_3 - ET_1 - D_{1\text{—}3} = 5 - 0 - 5 = 0$$
$$FF_{2\text{—}3} = ET_3 - ET_2 - D_{2\text{—}3} = 5 - 1 - 3 = 1$$
$$FF_{2\text{—}4} = ET_4 - ET_2 - D_{2\text{—}4} = 11 - 1 - 2 = 8$$
$$FF_{3\text{—}4} = ET_4 - ET_3 - D_{3\text{—}4} = 11 - 5 - 6 = 0$$
$$FF_{3\text{—}5} = ET_5 - ET_3 - D_{3\text{—}5} = 11 - 5 - 5 = 1$$
$$FF_{4\text{—}5} = ET_5 - ET_4 - D_{4\text{—}5} = 11 - 11 - 0 = 0$$
$$FF_{4\text{—}6} = ET_6 - ET_4 - D_{4\text{—}6} = 16 - 11 - 5 = 0$$
$$FF_{5\text{—}6} = ET_6 - ET_5 - D_{5\text{—}6} = 16 - 11 - 3 = 2$$

自由时差与总时差不同，它是某工作独立使用的机动时间。

3）按工作计算法计算时间参数。计算之前，在网络图上应先画好时间参数的标注符号"Π"，各工作的最早时间和最迟时间应直接标注在箭线的上方。

计算工作的最早开始时间 $ES_{i\text{—}j}$：

工作的最早开始时间是指各紧前工作全部完成后工作有可能开始的最早时刻。工作的最早开始时间 $ES_{i\text{—}j}$ 应从网络计划的起点开始顺着箭线方向依次逐项计算。

以起点节点 1 为开始节点的工作，当未规定其最早开始时间 ES_{1-j} 时，其值应为零，即 $ES_{1-j} = 0$。

当工作 $i-j$ 只有一项紧前工作 $h-i$ 时，其最早开始时间 ES_{i-j} 应按式（2-19）计算：

$$ES_{i-j} = ES_{h-i} + D_{h-i} \tag{2-19}$$

当工作 $i-j$ 有多个紧前工作时，其最早开始时间 ES_{i-j} 应按式（2-20）计算：

$$ES_{i-j} = \max\{ES_{h-i} + D_{h-i}\} \tag{2-20}$$

式中　ES_{h-i}——工作 $i-j$ 的紧前工作 $h-i$ 的最早开始时间；

　　　D_{h-i}——工作 $i-j$ 的紧前工作 $h-i$ 的持续时间。

如图 2-49 所示的网络图中，各工作的最早开始时间 ES_{i-j} 计算如下所述：

$ES_{1-2} = ES_{1-3} = 0$

$ES_{2-3} = ES_{1-2} + D_{1-2} = 0 + 1 = 1$

$ES_{2-4} = ES_{1-2} + D_{1-2} = 0 + 1 = 1$

$ES_{3-5} = \max\{ES_{1-3} + D_{1-3}\} = 0 + 5 = 5$　　　$ES_{3-5} = 5$

或 $ES_{3-5} = \max\{ES_{2-3} + D_{2-3}\} = 1 + 3 = 4$

$ES_{3-4} = \max\{ES_{1-3} + D_{1-3}\} = 0 + 5 = 5$　　　$ES_{3-4} = 5$

或 $ES_{3-4} = \max\{ES_{2-3} + D_{2-3}\} = 1 + 3 = 4$

$ES_{4-5} = \max\{ES_{3-4} + D_{3-4}\} = 5 + 6 = 11$　　　$ES_{4-5} = 11$

或 $ES_{4-5} = \max\{ES_{2-4} + D_{2-4}\} = 1 + 2 = 3$

$ES_{4-6} = \max\{ES_{3-4} + D_{3-4}\} = 5 + 6 = 11$　　　$ES_{4-6} = 11$

或 $ES_{4-6} = \max\{ES_{2-4} + D_{2-4}\} = 1 + 2 = 3$

$ES_{5-6} = \max\{ES_{4-5} + D_{4-5}\} = 11 + 0 = 11$

或 $ES_{5-6} = \max\{ES_{3-5} + D_{3-5}\} = 5 + 5 = 10$　　　$ES_{5-6} = 11$

计算工作的最早完成时间 EF_{i-j}：

工作的最早完成时间 EF_{i-j} 等于工作最早开始时间加上工作的持续时间，即 $EF_{i-j} = ES_{i-j} + D_{i-j}$。

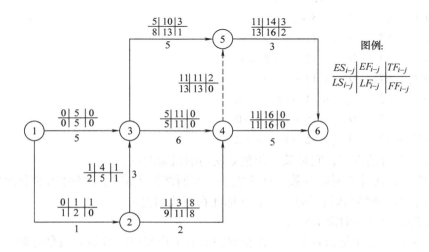

图 2-49　双代号网络计划按工作计算法

如图 2-49 所示的网络图中，各工作的最早完成时间 EF_{i-j} 计算如下所述：

$EF_{1-2} = ES_{1-2} + D_{1-2} = 0 + 1 = 1$

$EF_{1-3} = ES_{1-3} + D_{1-3} = 0 + 5 = 5$

$EF_{2-3} = ES_{2-3} + D_{2-3} = 1 + 3 = 4$

$EF_{2-4} = ES_{2-4} + D_{2-4} = 1 + 2 = 3$

$EF_{3-4} = ES_{3-4} + D_{3-4} = 5 + 6 = 11$

$EF_{3-5} = ES_{3-5} + D_{3-5} = 5 + 5 = 10$

$EF_{4-5} = ES_{4-5} + D_{4-5} = 11 + 0 = 11$

$EF_{4-6} = ES_{4-6} + D_{4-6} = 11 + 5 = 16$

$EF_{5-6} = ES_{5-6} + D_{5-6} = 11 + 3 = 14$

计算工作的最迟完成时间 LF_{i-j}：

网络计划的计算工期 T_C 应按式（2-21）计算：

$$T_C = \max\{EF_{i-n}\} \tag{2-21}$$

式中　EF_{i-n}——以终点节点（$j=n$）为箭头节点的工作的最早完成时间。

如图 2-49 所示，$T_C = \max\{EF_{4-6}, EF_{5-6}\} = \max\{16, 14\} = 16$

网络计划的计划工期 T_p 的计算应按下列情况分别确定：当已规定了要求工期 T_r 时，$T_p \leqslant T_r$；当未规定要求工期时，$T_p = T_C$。如图 2-49 中计划工期 $T_p = 16$。

最迟完成时间 LF_{i-j} 是在总工期已经确定的情况下工作 $i-j$ 的最迟完成时间。

工作的最迟完成时间 LF_{i-j} 应从网络计划的终点节点开始逆着箭线方向依次逐项计算。

以终点节点（$j=n$）为箭头节点的工作的最迟完成时间 LF_{i-n} 应按网络计划的计划工期 T_p 确定，即 $LF_{i-n} = T_p$。

其他工作的最迟完成时间按式（2-22）计算：

$$LF_{i-j} = \min\{LF_{j-k} - D_{j-k}\} \tag{2-22}$$

式中　LF_{j-k}——工作 $i-j$ 各项紧后工作 $j-k$ 的最迟完成时间；

　　　D_{j-k}——工作 $i-j$ 各项紧后工作 $j-k$ 的持续时间。

如图 2-49 所示的网络图中，各工作的最迟完成时间 LF_{i-j} 计算如下所述：

$T_p = 16$

$LF_{5-6} = LF_{4-6} = 16$

$LF_{4-5} = LF_{5-6} - D_{5-6} = 16 - 3 = 13$

$LF_{3-5} = LF_{5-6} - D_{5-6} = 16 - 3 = 13$

$LF_{3-4} = \min\{LF_{4-5} - D_{4-5}\} = 13 - 0 = 13$　　　　$LF_{3-4} = 11$

或 $LF_{3-4} = \min\{LF_{4-6} - D_{4-6}\} = 16 - 5 = 11$

$LF_{2-4} = \min\{LF_{4-5} - D_{4-5}\} = 13 - 0 = 13$　　　　$LF_{2-4} = 11$

或 $LF_{2-4} = \min\{LF_{4-6} - D_{4-6}\} = 16 - 5 = 11$

$LF_{2-3} = \min\{LF_{3-4} - D_{3-4}\} = 11 - 6 = 5$　　　　$LF_{2-3} = 5$

或 $LF_{2-3} = \min\{LF_{3-5} - D_{3-5}\} = 13 - 5 = 8$

$LF_{1-3} = \min\{LF_{3-4} - D_{3-4}\} = 11 - 6 = 5$　　　　$LF_{1-3} = 5$

或 $LF_{1-3} = \min\{LF_{3-5} - D_{3-5}\} = 13 - 5 = 8$

$LF_{1-2} = \min\{LF_{2-4} - D_{2-4}\} = 11 - 2 = 9$　　　　$LF_{1-2} = 2$

或 $LF_{1-2} = \min \{LF_{2-3} - D_{2-3}\} = 5 - 3 = 2$

计算工作的最迟开始时间 LS_{i-j}：

工作的最迟开始时间是在总工期已经确定的情况下工作的最迟开始时间。工作的最迟开始时间 LS_{i-j} 等于本工作的最迟完成时间减去本工作的持续时间，即 $LS_{i-j} = LF_{i-j} - D_{i-j}$。

如图 2-49 所示的网络图中，各工作的最迟开始时间 LS_{i-j} 计算如下所述：

$LS_{1-2} = LF_{1-2} - D_{1-2} = 2 - 1 = 1$

$LS_{1-3} = LF_{1-3} - D_{1-3} = 5 - 5 = 0$

$LS_{2-3} = LF_{2-3} - D_{2-3} = 5 - 3 = 2$

$LS_{2-4} = LF_{2-4} - D_{2-4} = 11 - 2 = 9$

$LS_{3-4} = LF_{3-4} - D_{3-4} = 11 - 6 = 5$

$LS_{3-5} = LF_{3-5} - D_{3-5} = 13 - 5 = 8$

$LS_{4-5} = LF_{4-5} - D_{4-5} = 13 - 0 = 13$

$LS_{4-6} = LF_{4-6} - D_{4-6} = 16 - 5 = 11$

$LS_{5-6} = LF_{5-6} - D_{5-6} = 16 - 3 = 13$

计算工作的总时差 TF_{i-j}：

工作的总时差是在不影响总工期的前提下工作可以利用的机动时间。工作的总时差 TF_{i-j} 等于本工作的最迟开始时间减去本工作的最早开始时间，或者等于本工作的最迟完成时间减去本工作的最早完成时间，即 $TF_{i-j} = LS_{i-j} - ES_{i-j}$，或 $TF_{i-j} = LF_{i-j} - EF_{i-j}$。

如图 2-49 所示的网络图中，各工作的总时差 TF_{i-j} 计算如下所述：

$TF_{1-2} = LS_{1-2} - ES_{1-2} = 1 - 0 = 1$

$TF_{1-3} = LS_{1-3} - ES_{1-3} = 0 - 0 = 0$

$TF_{2-3} = LS_{2-3} - ES_{2-3} = 2 - 1 = 1$

$TF_{2-4} = LS_{2-4} - ES_{2-4} = 9 - 1 = 8$

$TF_{3-4} = LS_{3-4} - ES_{3-4} = 5 - 5 = 0$

$TF_{3-5} = LS_{3-5} - ES_{3-5} = 8 - 5 = 3$

$TF_{4-5} = LS_{4-5} - ES_{4-5} = 13 - 11 = 2$

$TF_{4-6} = LS_{4-6} - ES_{4-6} = 11 - 11 = 0$

$TF_{5-6} = LS_{5-6} - ES_{5-6} = 13 - 11 = 2$

计算工作的自由时差 FF_{i-j}：

工作的自由时差是在不影响其紧后工作最早开始时间的前提下工作可以利用的机动时间。工作的自由时差 FF_{i-j} 等于本工作紧后工作的最早开始时间减去工作的最早开始时间，再减去工作的持续时间；或者等于本工作紧后工作的最早开始时间减去工作的最早完成时间，即 $FF_{i-j} = ES_{j-k} - ES_{i-j} - D_{i-j}$，或 $FF_{i-j} = ES_{j-k} - EF_{i-j}$。

以终点节点（$j = n$）为箭头节点的工作，其自由时差 FF_{i-j} 应按网络计划工期的计划工期 T_p 确定，即 $FF_{i-j} = T_p - ES_{i-n} - D_{i-n}$，或 $FF_{i-n} = T_p - EF_{i-n}$。

如图 2-49 所示的网络图中，各工作的自由时差 FF_{i-j} 计算如下所述：

$FF_{1-2} = ES_{2-3} - EF_{1-2} = 1 - 1 = 0$

$FF_{1-3} = ES_{3-5} - EF_{1-3} = 5 - 5 = 0$

$FF_{2-3} = ES_{3-5} - EF_{2-3} = 5 - 4 = 1$

$$FF_{2-4} = ES_{4-6} - EF_{2-4} = 11 - 3 = 8$$
$$FF_{3-4} = ES_{4-5} - EF_{3-4} = 11 - 11 = 0$$
$$FF_{3-5} = ES_{5-6} - EF_{3-5} = 11 - 10 = 1$$
$$FF_{4-5} = ES_{5-6} - EF_{4-5} = 11 - 11 = 0$$
$$FF_{4-6} = T_p - EF_{4-6} = 16 - 16 = 0$$
$$FF_{5-6} = T_p - EF_{5-6} = 16 - 14 = 2$$

（3）表上计算法 为了保持网络图的清晰和计算数据的条理化，通常还可以采用表格进行时间参数的计算，以图2-48和图2-49为例按表上计算法计算，表上计算法的格式见表2-8。

表2-8 表上计算法

一	二	三	四	五	六	七	八	九	十	十一
节点号码	ET_i	LT_i	工作号码	D_{i-j}	ES_{i-j}	EF_{i-j}	LS_{i-j}	LF_{i-j}	TF_{i-j}	FF_{i-j}
1	0	0	1—2	1	0	1	1	2	1	0
			1—3	5	0	5	0	5	0	0
2	1	2	2—3	3	1	4	2	5	1	1
			2—4	2	1	3	9	11	8	8
3	5	5	3—4	6	5	11	5	11	0	0
			3—5	5	5	10	8	13	3	1
4	11	11	4—5	0	11	11	13	13	2	0
			4—6	5	11	16	11	16	0	0
5	11	13	5—6	3	11	14	13	16	2	2
6	16	16	6—n			16				

表上计算法的计算步骤为：

1）将节点、工作箭线号码及工作持续时间填入表格第一、四、五栏内。

2）自上而下计算各个节点的最早时间 ET_i，填入第二栏内。设起点节点的最早时间为零；根据各节点的前面工作箭线个数及工作持续时间，计算中间节点的最早时间 $ET_j = \max\{ET_i + D_{i-j}\}$。

3）自下而上计算各个节点的最迟时间 LT_i，填入第三栏内。设终点节点的最迟时间等于其最早时间，即 $ET_n = LT_n = T_p$；根据各节点的后面工作箭线个数及工作持续时间，自下而上计算各中间节点的最迟时间 $LT_i = \min\{LT_j - D_{i-j}\}$。

4）计算各工作的最早开始时间 ES_{i-j} 及最早完成时间 EF_{i-j}，分别填入第六、七栏内。工作的最早开始时间 ES_{i-j} 等于其开始节点的最早时间，即 $ES_{i-j} = ET_i$，可以从第二栏相应的节点中查出；工作的最早完成时间 EF_{i-j} 等于其开始节点的最早时间加上工作持续时间，即 $EF_{i-j} = ET_i + D_{i-j}$，可将第六栏中工作的最早开始时间加上该行第五栏的工作持续时间。

5）计算各工作的最迟完成时间 LF_{i-j} 及最迟开始时间 LS_{i-j}，分别填入表内第八、九栏内。工作的最迟完成时间 LF_{i-j} 等于其结束节点的最迟时间，即 $LF_{i-j} = LT_j$，可从第三栏相应的节点中查出；工作的最迟开始时间 LS_{i-j} 等于其结束节点的最迟时间减去工作持续时间，即 $LS_{i-j} = LT_j - D_{i-j}$，可将第三栏的结束节点的最迟时间减去第五栏的工作持续时间。

6）计算各工作的总时差 TF_{i-j}。各项工作的总时差 TF_{i-j} 等于其结束节点的最迟时间减去起点节点的最早时间和工作持续时间，即 $TF_{i-j} = LT_j - ET_i - D_{i-j}$，可将第三栏结束节点的最迟时间减去第二栏的起点节点的最早时间，再减去第五栏的工作持续时间。

7）计算各工作的自由时差 FF_{i-j}。各工作的自由时差 FF_{i-j} 等于其结束节点的最早时间减去起点节点的最早时间和工作持续时间，即 $FF_{i-j} = ET_j - ET_i - D_{i-j}$，可将第二栏结束节点的最早时间减去第二栏的起点节点的最早时间，再减去第五栏的工作持续时间。

三、单代号网络图

单代号网络图是以节点及编号表示工作并以箭线表示工作之间的逻辑关系的网络图，如图 2-50 所示。单代号网络图中每一个节点均表示一项工作，宜用圆圈或矩形表示。节点所表示的工作名称、持续时间和工作代号等应标注在节点内，如图 2-50 和图 2-51 所示。

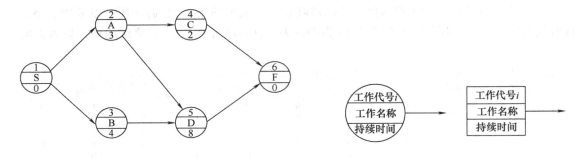

图 2-50　单代号网络图　　　　　　图 2-51　单代号网络图的表示方法

单代号网络图是由箭线、节点、线路三个基本要素组成的。

1. 节点

单代号网络图中每一个节点均表示一项工作，宜用圆圈或矩形表示。节点所表示的工作名称、持续时间和工作代号等应标注在节点内。

单代号网络图中的节点必须编号，编号的数目按箭线方向由大到小编排，编号顺序不一定按照 1，2，3，4，…，n 的自然数列，中间可以间断，如可按 0，5，10，15… 的顺序编号。网络图第一节点的编号不一定是 0，也可用 1、5、10、100 等数。

编号应标注在节点内，其号码可以间断，但严禁重复。箭线的箭尾节点编号应小于箭头节点编号。一项工作必须有唯一的一个节点及相应的一个编号。

2. 箭线

单代号网络图中，箭线表示紧邻工作之间的逻辑关系，如图 2-50 所示。箭线应画成水平直线、折线或斜线。箭线水平投影的方向应自左向右，它表示工作的进行方向。在单代号网络图中，箭线均为实箭线，没有虚箭线。

3. 线路

从网络图中的起点节点开始，沿箭头方向通过一系列箭线与节点，最后到达终点节点的通路，称为线路。单代号网络图中的线路，可用代号表述，也可用工作名称表述。如图 2-50 所示的单代号网络图中的一条线路可表述为①→②→④→⑥，也可表述为Ⓢ→Ⓐ→Ⓒ→Ⓕ。单代号网络图中也有关键线路及施工过程、非关键线路和时差。

四、网络计划的应用

网络计划的编制步骤一般为：制定施工方案，确定施工顺序；确定工作名称、内容及列项；计算各项工作的工程量、劳动量或机械台班需要量，确定各项工作的持续时间；绘制网络图，进行时间参数的计算；调整网络计划。

1. 分部工程网络计划

编制分部工程时，既要考虑各施工过程之间的工艺关系，又要考虑组织施工中它们之间的组织关系。只有在考虑这些逻辑关系后，才能正确形成施工网络计划。

基础工程、装饰工程的施工网络计划分别如图2-40和图2-41所示。

2. 单位工程网络计划

编制单位工程网络计划时，首先应熟悉图样，对工程对象进行分析，了解建设要求和现场施工条件，选择施工方案，确定合理的施工顺序和主要施工方法，根据各施工过程之间的逻辑关系，绘制网络图。其次，分析各施工过程在网络图中的地位，通过计算时间参数确定关键线路、非关键线路和机动时间。最后，统筹考虑，调整计划，制定出最优的计划方案。

【例2-12】　某五层教学楼，框架结构，建筑面积为2500m²，平面形状为一字形，钢筋混凝土条形基础。主体为现浇框架结构，围护墙采用空心砖砌筑。室内底层地面为缸砖，标准地面为水泥砂浆，内墙、顶棚为中级抹灰，面层为106涂料，外墙镶贴面砖。屋面采用柔性防水材料。本工程的基础、主体均分为三段施工，屋面不分段，内装修每层为一段，外装修自上而下一次完成，其工程量见表2-9，该工程的网络计划如图2-52所示。

表2-9　工程量一览表

序号	分部分项名称	劳动量		工作持续天数	每天工作班数	每班工人数
		单位	数量			
	基础工程					
1	基础挖土	工日	300	15	1	20
2	基础垫层	工日	45	3	1	15
3	基础现浇混凝土	工日	567	18	1	30
4	基础墙（素混凝土）	工日	90	6	1	15
5	基础及地坪回填土	工日	120	6	1	20
	主体工程（五层）					
1	柱筋	工日	178	4.5×5	1	8
2	柱、梁、板模板（含梯）	工日	2085	21×5	1	20
3	柱混凝土	工日	445	3×5	1.5	20
4	梁板筋（含梯）	工日	450	7.5×5	1	12
5	梁板混凝土（含梯）	工日	1125	3×5	3	25
6	砌墙	工日	2596	25.5×5	1	20
7	拆模	工日	671	10.5×5	1	12
8	搭架子	工日	360	36	1	10
	屋面工程					
1	屋面隔热	工日	105	7	1	15
2	屋面防水	工日	240	12	1	20
	装饰工程					
1	外墙面砖	工日	450	15	1	30
2	安装门窗扇	工日	60	5	1	12
3	顶棚粉刷	工日	300	10	1	30
4	内墙粉刷	工日	600	20	2	30
5	楼地面、楼梯、扶手粉刷	工日	450	15	1	30
6	106涂料	工日	50	5	1	10
7	油玻	工日	75	7.5	1	10
8	水电安装	工日	150	15	1	10
9	拆脚手架、拆塔式起重机	工日	20	2	1	10
	扫尾	工日	24	4	1	6

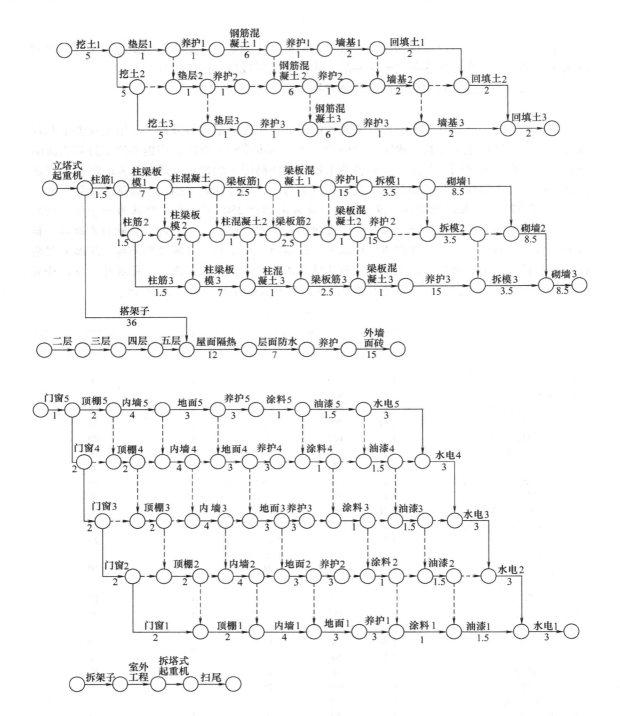

图 2-52 某五层教学楼网络计划

3. 总体网络计划

建筑群在编制网络计划时，其步骤与单位工程的网络计划一样，但需把每一幢视为一个施工段。

【例2-13】 有三幢完全相同的建筑，每幢都进行基础工程施工，施工过程为挖土5d、垫层3d、养护0.5d、钢筋混凝土基础6d、养护1d、素混凝土墙基2d、回填土1d。三幢建筑的基础网络计划如图2-53所示。

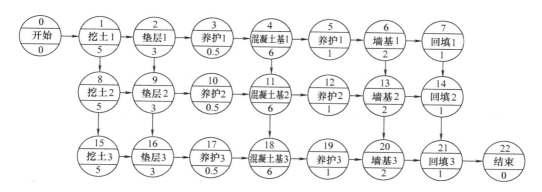

图2-53 基础总体网络计划

4. 双代号时标网络计划

（1）双代号时标网络计划的概念 双代号时标网络计划是双代号无时标网络计划与横道计划的有机结合，它吸取了两者的长处。

双代号时标网络计划是以水平时间坐标为尺度来表示工作时间的网络计划，这种网络计划简称为时标图。时标的时间单位是根据需要在编制网络计划之前确定的，可为时、天、周、月或季。

时标网络计划应以实箭线表示工作，以虚箭线表示虚工作，以波形线表示工作的自由时差。

时标网络计划中所有符号在时间坐标上的水平投影位置，都必须与其时间参数相对应。节点中心必须对准相应的时标位置。虚工作必须以垂直方向的虚箭线表示，有自由时差时加波形线表示。

（2）双代号时标网络计划的特点

1）时标网络中的箭线长度与工作时间有关。

2）时标网络可以直接显示各工作的时间参数。

3）时标网络不会产生闭合回路。

4）时标网络可以直接统计劳动力、材料、资源需要量等，以便于计划的控制。

5）由于箭线长度受时间坐标的限制，时标网络计划修改不方便。

6）有时出现虚箭线占用时间的情况，原因是工作面停歇或班组工作不连续。

（3）双代号时标网络计划的绘制方法 编制时标网络计划之前，应先按已确定的时间单位绘出时标计划表。时标可标注在时标计划表的顶部或底部，时标的长度单位必须注明，必要时可在顶部时标之上或底部时标之下加注日历的对应时间。时标计划表格见表2-10。

时标计划表中部的刻度线宜为细线，为使图面清楚，此线也可以不画或少画。

表 2-10　时标计划表

日　历																	
（时间单位）	1	2	3	4	5	6	7	8	9	10	11	12	13	14	15	16	17
网 络 计 划																	
（时间单位）	1	2	3	4	5	6	7	8	9	10	11	12	13	14	15	16	17

双代号时标网络计划的绘制方法有两种，分别是间接绘制法与直接绘制法，时标网络计划宜按最早时间编制。

1）直接绘制法。直接绘制法不计算网络计划的时间参数，而是直接按草图在时标计划表上绘制，其绘制步骤和方法为：将起点节点定位在时标计划表的起始刻度表上；按工作持续时间在时标计划表上绘制起点节点的外向箭线；除起点节点以外的其他节点必须在其所有内向箭线绘出以后定位在这些内向箭线中最早完成时间最迟的箭线末端，其他内向箭线长度不足以达到该节点时用波形线补足，波形线长度就是时差的大小；用上述方法自左至右依次确定其他节点位置，直至终点节点定位绘完。

时标网络计划关键线路的确定，应自终点节点逆箭线方向向起点节点观察，若为自始至终不出现波形线的线路则是关键线路。

时标网络计划的计算工期，应是其终点节点与起点节点所在位置的时标值之差。

2）间接绘制法。间接绘制法先计算网络计划的时间参数，再根据时间参数按草图在时标计划表上进行绘制，其按最早时间绘制的步骤和方法为：绘制无时标网络计划草图，计算时间参数，确定关键工作及关键线路；根据需要确定时间单位并绘制时标横轴，时标可标注在时标网络图的顶部或底部，时标的长度单位必须注明；根据网络图中各节点的最早时间（或各工作的最早开始时间），从起点节点开始将各节点（或各工作的开始节点）逐个定位在时间坐标的纵轴上；依次在各节点后面绘出箭线长度及自由时差。间接法绘制时宜先画关键线路、关键工作，再画非关键工作。箭线最好画成水平箭线或由水平线段和竖直线段组成的折线箭线，以直接表示其持续时间，如果箭线画成斜线，则以其水平投影长度为其持续时间，如果箭线长度不够导致与该工作的结束节点不能直接相连，则用波形线从箭线端部画至结束节点处。波形线的水平投影长度，即为该工作的自由时差；用虚箭线连接各有关节点，将各有关施工过程连接起来，在时标网络计划中，有时会出现虚箭线的投影长度不等于零的情况，则其水平投影长度为该虚工作的自由时差；把时差为零的箭线从起点节点到终点节点连接起来，并用粗线、双线或彩色线表示，即形成双代号时标网络计划的关键线路；按最早时间绘制的时标网络计划，每条箭线的箭尾和箭头所对应的时标值应为该工作的最早开始时间和最早完成时间；时标网络计划中工作的总时差的计算应自右向左进行，以终点节点（$j = n$）为箭头节点的工作的总时差 TF_{i-j} 应按网络计划的计划工期 T_{p} 计算确定，即 $TF_{i-j} = T_{\mathrm{p}} - EF_{i-n}$，其他工作的总时差公式应按式（2-23）计算：

$$TF_{i-j} = \min\{TF_{j-k} + FF_{i-j}\} \tag{2-23}$$

时标网络计划中工作的最迟开始时间和最迟完成时间应分别按式（2-24a）和式（2-24b）计算：

$$LS_{i \to j} = ES_{i \to j} + TF_{i \to j} \tag{2-24a}$$

$$LF_{i \to j} = EF_{i \to j} + TF_{i \to j} \tag{2-24b}$$

【例2-14】　如图2-54所示，请根据某基础工程双代号网络图绘制出时标网络图，如图2-55所示。

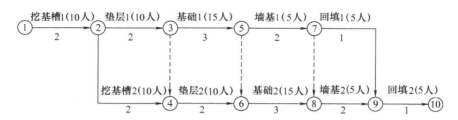

图2-54　双代号网络图

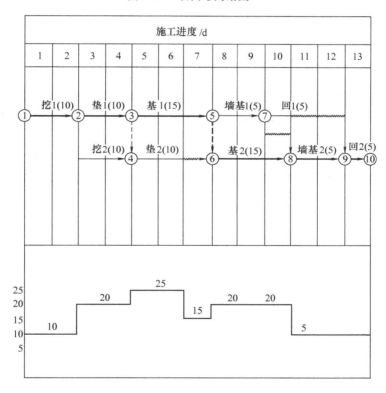

图2-55　时标网络图

5. 流水网络计划

流水网络计划方法是综合应用流水施工和网络计划的原理，吸取横道图与网络图表达计划的长处，并使两者结合起来的一种网络计划方法。

（1）流水网络计划的产生　前面所述的一般网络计划方法，在每个工作之间的逻辑关系实际上是一种衔接关系，即紧前工作完成之后才能开始紧后工作。用一般网络计划方法来表达一项工程的流水施工时，每个施工段都要用一条箭线和两个节点来表示；同时，为了使各施工段之间的逻辑关系正确，还需要增加许多虚箭线，因而使网络图过于繁琐。例如，某三层楼住宅房屋，水磨石地面施工，划分为四个施工过程，现以每一层楼作为一个施工段组织流水施工，其双代号网络计划如图 2-56 所示。

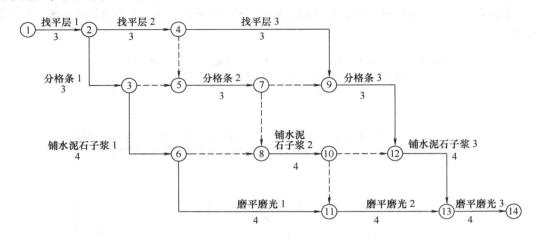

图 2-56　双代号网络计划

从图 2-56 中可以看出，节点和箭线很多，这不仅增加了绘制网络图的工作量和复杂性，而且大量虚箭线的存在，也使网络计划时间参数的计算工作量相应增加，为了克服这些缺点，相应产生了流水网络计划。

将如图 2-56 所示的双代号网络计划改成流水网络计划，如图 2-57 所示，从图中可看出，段与段之间的中间节点和虚箭线均省略，图示显得简明、直观。

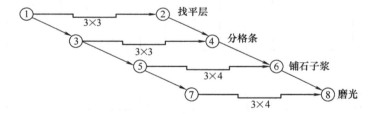

图 2-57　流水网络计划

（2）流水网络计划的基本概念

1）流水箭线。将一般网络图中的同一施工过程的若干个施工段的连续作业箭线合并为一个箭线，称为流水箭线，如图 2-58 所示。流水箭线一般用粗实线表示。流水箭线的这种形式，既表达了同一施工过程的施工段数目及其流水施工的组织性质，又去掉了许多中间节点和由此而增添的许多虚箭线，从而大大简化了网络计划。

2）时距箭线。时距箭线是用以表达两个相邻施工过程之间逻辑上和时间上的相互制约关系的箭线。建立时距箭线是为了替代被简化的虚箭线。时距箭线均用细实线表示。时距箭线所表示的时距可分为下述三种：

开始时距 $K_{i,i+1}$ 是指相邻两个施工过程先后进入第一个施工段的时间间隔，它与流水步距的概念基本一致，但开始时距用一条箭线表达，起到了在先后两个相邻施工过程之间逻辑连接的作用，如图 2-59 所示。

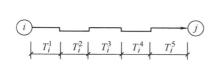

图 2-58 流水箭线

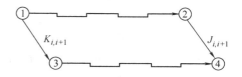

图 2-59 流水网络基本形式

结束时距 $J_{i,i+1}$ 是指相邻两个施工过程先后退出最后一个施工段的时间间隔，它制约了两个相邻施工过程先后结束的时间逻辑关系，如图 2-59 所示。

间歇时距 $N_{i,i+1}$ 是指在前后两个相邻施工过程中从前一个施工过程结束到后一个施工过程开始之间的间歇时间，一般指技术间歇时间或组织间歇时间。

3）流水网络块。这是组织分部工程流水施工时流水网络的一种基本形式。例如，如图 2-56所示的内装修分部工程的双代号网络图可改为如图 2-57 所示的流水网络块。

（3）流水网络块、非流水网络块、虚箭线等的连接

1）流水网络块之间的连接。两个（或多个）流水网络块，可按它们相互之间施工工艺上的先后关系在流水箭线的开始（或完成）节点处连接，如图 2-60a 所示，也可以通过某些不参加流水施工的非流水箭线或虚箭线连接，如图 2-60b 所示。

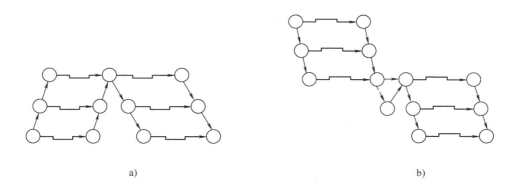

图 2-60 流水网络块之间的连接

a）流水网络块连接1 b）流水网络块连接2

2）流水网络块外部节点与非流水箭线的连接。一个流水网络块与非流水箭线连接时，连接点应在流水网络块的某些流水箭线的开始（或完成）节点处，如图 2-61 所示，这种连接可按双代号网络的有关方式处理。

3）流水网络块内部与非流水箭线之间的连接。一个流水网络块内的一条（或几条）流水箭线上某个施工段端点与外部引进的非流水箭线连接，表示该施工过程在进入这个施工段前必须与外部某个施工过程发生联系，或者表示外部某个施工过程必须在该施工过程退出

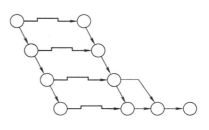

图 2-61 流水网络块外部节点与
非流水箭线的连接

这个施工段后才开始。前者称为进点，后者称为出点。进点和出点都用一个节点表示，画在流水箭线上与进出有联系的某个施工段端点处。进、出的节点不得中断该流水箭线，而应画在它们的上边或下边，如图 2-62 所示。

4）流水网络块内部的逻辑关系箭线的连接。在流水网络块内部，某些在施工工艺上或组织上有逻辑联系的流水箭线，可用箭线将它们连接起来，如图 2-63 所示。这在表达一层砌墙完成后到二层砌墙等情况时较常用。

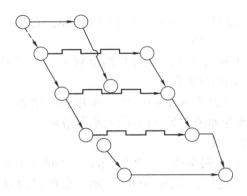

图 2-62 流水网络块内部与非流水箭线之间的连接   图 2-63 流水网络块内部逻辑箭线的连接

（4）时距及流水网络块时间参数的计算

1）时距的计算。

开始时距（$K_{i,i+1}$）的计算按式（2-25）进行：

$$K_{i,i+1} = \begin{cases} t_i + t_j & (t_i \leq t_j) \\ Mt_i - (M-1)t_{i+1} + t_j & (t_i \geq t_j) \end{cases} \tag{2-25}$$

式中　t_i——前一个工作的流水箭线中一个施工段的流水节拍；

t_{i+1}——后一个工作的流水箭线中一个施工段的流水节拍；

t_j——前一个工作与后一个工作的间歇时间；

M——流水箭线中所含的施工段数。

如图 2-64 所示流水网络块，计算其开始时距如下所述。

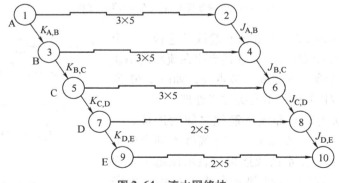

图 2-64 流水网络块

设 $t_j = 0$，则 $K_{A,B} = t_1 + t_j = (3+0)d = 3d$

$$K_{B,C} = t_2 + t_j = (3 + 0)d = 3d$$

$$K_{C,D} = Mt_3 - (M - 1)t_4 + t_j = (5 \times 3 - 4 \times 2 + 0)d = 7d$$

$$K_{D,E} = t_4 + t_j = (2 + 0)d = 2d$$

结束时距($J_{i,i+1}$)的计算按式(2-26)进行：

$$J_{i,i+1} = t_{i+1}^M + t_j \tag{2-26}$$

式中 t_{i+1}^M——后一个施工的流水箭线中最后一个施工段的流水节拍。

计算各结束时距如下所述：

$$J_{A,B} = t_2^5 + t_j = (3 + 0)d = 3d$$

$$J_{B,C} = t_3^5 + t_j = (3 + 0)d = 3d$$

$$J_{C,D} = t_4^5 + t_j = (2 + 0)d = 2d$$

$$J_{D,E} = t_5^5 + t_j = (2 + 0)d = 2d$$

以上开始时距和结束时距的计算结果，如图2-65所示。

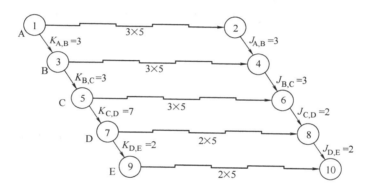

图 2-65　开始时距和结束时距的计算

2）流水网络块时间参数的计算。流水网络块在计算了各个开始时距和结束时距以后，各时距箭线和流水箭线都确定了时间值。在这个基础上，可计算流水网络块各流水箭线的最早时间和最迟时间、总时差及自由时差的数值。这些时间参数的计算方法及所用公式与前面双代号网络图的计算基本相同。

五、网络计划检查与调整

1. 网络计划的检查

网络计划的检查内容主要有关键工作进度、非关键工作进度及时差利用、工作之间的逻辑关系。检查关键工作进度是为了采取措施调整或保证计划工期；检查非关键工作进度及时差利用是为了更好地发掘潜力、调整或优化资源以及保证关键工作按计划实施；检查工作之间的逻辑关系是为了观察工艺关系或组织关系的执行情况以进行适时调整。

（1）检查网络计划首先必须收集网络计划的实际执行情况并进行记录　当采用时标网络计划时，应绘制实际进度前锋线记录计划的实际执行情况，前锋线应自上而下地从计划检查的时间刻度出发，用直线段依次连接各项工作的实际进度前锋点，最后到达计划检查的时间刻度为止，最后形成折线，前锋线可用彩色线标画，不同检查时刻绘制的相邻前锋线可采用不同颜色标画。当采用无时标网络计划时，可在图上直接用文字、数字、适当符号或列表来记录计划实际执行情况。

（2）对网络计划的检查应定期进行　检查周期的长短应根据计划工期的长短和管理的需要确定，一般可按天、周、旬、月、季等为周期。但计划执行突然出现意外情况时，可进行应急检查，以便采取应急调整措施。

（3）网络计划的检查内容

1）关键工作进度。

2）关键工作进度及尚可利用的时差。

3）实际进度对各项工作之间逻辑关系的影响。

4）费用资料分析。

（4）对网络计划执行情况的检查结果应进行分析判断

1）对时标网络计划，宜利用已画出的实际进度前锋线来分析计划的执行情况及其发展趋势，以对未来的进度情况做出预测判断，找出偏离计划目标的原因及可供挖掘的潜力所在。

2）对无时标网络计划，宜按表2-11记录的情况对计划中未完成的工作进行分析判断。

表2-11　网络计划检查结果分析表

工作编号	工作名称	检查尚需作业天数	按计划最迟完成前尚有天数	总时差/d			自由时差			情况分析
				原　有		目前尚有	原　有		目前尚有	

【例2-15】　已知网络计划如图2-66所示，在第五天检查计划执行情况时，发现A已完成，B已工作1d，C已工作2d，D尚未开始工作，则绘出带有前锋线的时标网络计划，如图2-67所示。

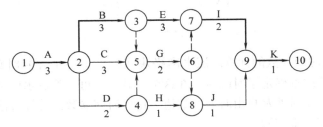

图2-66　原始网络计划

网络计划检查后，应列表反映检查结果及情况判断，以便对计划执行情况进行分析判断，并为计划的调整提供依据。一般宜采用实际进度前锋线。根据如图2-67所示的检查情况，列出该网络计划的检查结果分析表，见表2-12。

表2-12　网络计划检查结果分析表

工作编号	工作名称	检查尚需作业天数	按计划最迟完成前尚有天数	总时差/d			自由时差			情况分析
				原　有		目前尚有	原　有		目前尚有	
2~3	B	2	1	0		−1	—		—	影响工期1天
2~5	C	1	2	1		1	—		—	正常
2~4	D	2	2	2		0	—		—	正常

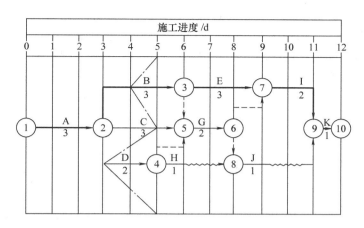

图 2-67　带有前锋线的时标网络计划

表 2-12 中第三项的检查尚需作业天数，即等于工作的持续时间减去该工作已进行的天数。

表 2-12 中第四项的按计划最迟完成前尚有天数，即等于该工作的最迟完成时间减去检查时间。

表 2-12 中的目前尚有总时差，即等于按计划最迟完成前尚有天数减去检查尚需作业天数。

在表 2-12 中的情况分析栏中，填入是否影响工期。如目前尚有总时差不小于零，则不会影响工期，在表中填入"正常"；如目前尚有总时差小于零，则会影响工期，在表中应填入影响工期的天数。

2. 网络计划的调整

（1）网络计划的调整内容

1）关键线路长度的调整。

2）非关键线路时差的调整。

3）增减工作项目。

4）逻辑关系的调整。

5）重新估计某些工作的持续时间。

6）对资源的投入作相应调整。

（2）网络计划的调整方法

1）关键线路长度的调整。调整关键线路的长度，可针对不同情况选用不同的方法。

关键线路的实际进度比计划进度提前的情况，当不拟提前工期时，应选择资源占用量大或直接费用高的后续关键工作，并适当延长其持续时间，以降低其资源强度或费用；当要提前完成计划时，应将计划的未完成部分作为一个新计划，重新确定关键工作的持续时间，并按新计划实施。

关键线路的实际进度比计划进度延误的情况，应在未完成的关键工作中选择资源强度小或费用低的，缩短其持续时间，并把计划的未完成部分作为一个新计划，按工期优化方法进行调整。

如图 2-66 所示的网络计划，第五天用实际前锋线检查，如图 2-67 所示，检查结果分析表见表 2-12，发现会影响工期一天，对其进行调整如下：首先，绘制出检查后的网络计划，此网络计划可从检查计划的那一天以后的第二天开始，但此例从第六天开始，因为前面天数已经执行，故可不绘出，如图 2-68 所示，拖延工期 1d；根据图 2-68，采用关键线路长度的调整方法，将关键线路持续时间较多的关键工作 E 从 3d 调整为 2d，得出按原要求工期完成的网络计划，如图 2-69 所示。

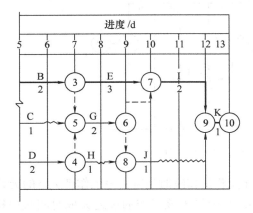

图 2-68　检查后网络计划

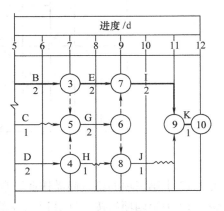

图 2-69　调整后网络计划

2）非关键工作时差的调整。非关键工作时差的调整应在其时差的范围内进行，每次调整均必须重新计算时间参数，观察该次调整对计划全局的影响，调整方法可采用下列方法之一：使工作在其最早开始时间与其最迟完成时间范围内移动；延长工作持续时间；缩短工作持续时间。

3）增减工作项目。增、减工作项目时，应符合下列规定：不打乱原网络计划的逻辑关系，只对局部逻辑关系进行调整；重新计算时间参数，并分析其对原网络计划的影响，当对工期有影响时，应采取措施，保证计划工期不变。

4）逻辑关系的调整。逻辑关系的调整只有当实际情况要求改变施工方法或组织方法时才可进行，调整时应避免影响原定计划工期和其他工作顺利进行。

5）持续时间的调整。当发现某些工作的原持续时间有误或其实现条件不充分时，应重新估计持续时间，并重新计算时间参数。

6）资源的调整。当资源供应发生异常时，应采取资源优化方法对计划进行调整或采取应急措施，使其对工期的影响达到最小。

网络计划的调整，可定期或根据计划的检查结果在必要时进行。

单 元 小 结

建筑施工通常采用的组织方式有顺序施工、平行施工、流水施工三种。流水施工是将工程对象划分为若干个施工过程，不同施工过程的施工班组按一定的顺序和时间间隔依次投入施工且连续、均衡、有节奏地从一个施工段转移到另一个施工段，不同施工过程之间尽可能平行搭接施工的组织方式。流水施工的组织要点包括划分施工过程、划分施工段、对每个施工过程组织独立的班组、确定流水节拍、主要施工过程的施工必须连续均衡、不同施工过程之间尽可能组织平行搭接施工等。

　　根据性质和作用的不同，施工参数可分为工艺参数、时间参数和空间参数三种。工艺参数是指组织流水施工时用以表达施工工艺上的展开顺序及其特征的参数，包括施工过程数和流水强度两个参数。其中，施工过程数的划分一般要考虑施工计划的性质和作用、施工方案与工程结构、劳动组织的形式和劳动量大小、劳动内容与范围等因素。空间参数是指在组织流水施工时用以表达其在空间布置上所处状态的参数，包括工作面和施工段数。施工段划分的目的在于保证不同工种的专业班组在不同的工作面上同时施工，以消除由于多个工种的专业班组不能同时在同一个工作面上施工而产生的互等、停歇现象，从而充分利用时间、空间，为组织流水施工创造条件。施工段划分应考虑主导施工过程、结构的整体性、各施工段劳动量的大小、工作面的要求等因素，特别要注意的是，当拟建工程分层分段施工时，应使施工段的数目满足 $m \geqslant n$ 的关系。时间参数是指用以表达参与流水施工的各施工过程在时间上所处状态的参数，包括流水节拍、流水步距、间歇时间、平行搭接时间、工期等。

　　根据流水施工工程对象的范围大小，流水施工通常分为分项工程流水、分部工程流水、单位工程流水、群体工程流水。流水施工的基本组织方式按参与流水的施工过程的节拍特征分为节奏性流水和无节奏流水。其中，节奏性流水又可分为等节拍流水、异节拍流水和成倍节拍流水；无节奏流水又称为分别流水。

　　双代号网络图是由箭线、节点、线路三个基本要素组成的。

　　箭线分为实箭线与虚箭线，实箭线表示一项工作或一个施工过程；虚箭线是既不消耗时间也不消耗资源且一般不标注名称的持续时间为零的一个虚拟工作，虚箭线在网络图中起逻辑连接、逻辑间断的作用。

　　节点表示前面工作的结束和后面工作的开始的瞬间，节点不需要消耗时间和资源；节点分为起点节点、终点节点、中间节点。

　　从网络图的起点节点到终点节点沿着箭线方向通过一系列箭线与节点的通路，称为线路；任何一个网络图中至少存在一条总时间最长的线路，这条线路称为关键线路，一般用粗线、双线或彩色线标注；其他线路的长度均小于关键线路，称为非关键线路；关键线路不是一成不变的，在一定的条件下，关键线路和非关键线路会互相转化。

　　网络图的逻辑关系可划分为两类：一类为工艺关系，称为工艺逻辑；另一类为组织关系，称为组织逻辑。无论工艺逻辑关系还是组织逻辑关系，在网络图中均表现为工作进行的先后顺序。

　　网络图的排列方法有两种，即工艺顺序按水平方向排列、施工段按水平方向排列。

　　总时差是在不影响工期的前提下工作可以利用的机动时间（富裕时间）。总时差主要用于控制工期和判别关键工作，凡是总时差为零的工作就是关键工作。自由时差是在不影响其紧后工作最早开始时间的前提下工作可以利用的机动时间。自由时差与总时差不同，它是某工作独立使用的机动时间。

　　时标网络计划是双代号无时标网络计划与横道计划的有机结合，它吸取了两者的长处。

　　流水网络计划方法是综合应用流水施工和网络计划的原理，吸取横道图与网络图表达计划的长处，并使两者结合起来的一种网络计划方法。

　　网络计划的检查内容有关键工作进度、关键工作进度及尚可利用的时差、实际进度对各项工作之间逻辑关系的影响、费用资料分析。

复习思考题

2-1　组织施工有哪几种方式？各有什么优缺点？

2-2　简述流水施工的组织要点。

2-3　流水施工组织中有哪些主要参数？各有什么意义？

2-4　施工过程划分的数目多少、粗细程度与哪些因素有关？

2-5　施工段划分的要求有哪些？

2-6　什么是流水节拍？流水节拍应如何确定？

2-7　什么是流水步距？确定时应考虑哪些因素？

2-8　流水施工按节拍特征的不同可分为哪几种方式？

2-9　节奏性流水具有什么特征？应如何组织？

2-10　无节奏流水应如何组织流水施工？

2-11　双代号网络计划的基本组成要素是什么？试述各要素的含义和特性。

2-12　什么叫虚箭线？它在网络图中所起的作用是什么？

2-13　什么叫关键线路？什么叫关键工作？在网络图中如何表示？

2-14　什么叫逻辑关系？网络计划中有哪两种逻辑关系？有何区别？

2-15　绘制双代号网络图时必须遵守哪些绘图规则？

2-16　施工网络计划有哪几种排列方法？各排列方法分别有什么特点？

2-17　试述工作总时差与自由时差的含义。

2-18　什么是流水网络计划？

2-19　什么叫流水箭线？如何表示？

2-20　什么叫时距箭线？它有哪些分类？

2-21　时标网络计划有什么优点？其绘图步骤是怎样的？

2-22　网络计划的检查内容有哪些？

2-23　网络计划的调整内容有哪些？

实训练习

练习1　某分部工程由 A、B、C 三个施工过程组成，每个施工过程均划分为三个施工段，其流水节拍分别为：$t_A = 2d$, $t_B = 3d$, $t_C = 4d$。试分别按顺序施工、平行施工、流水施工三种组织方式确定工期，并绘制施工进度表。

练习2　某分部工程划分为四个施工段，其四个施工过程 A、B、C、D 的流水节拍均为3d，其中施工过程 C、D 之间有 1d 的搭接时间。试计算流水施工的工期，并绘制施工进度表。

练习3　某基础工程划分为三个施工段，其施工过程及流水节拍分别为：基槽挖土 2d，垫层 1d，钢筋混凝土基础 3d，回填土 2d。试对该基础分部工程组织流水施工，并绘制施工进度表。

练习4　某混凝土路面道路工程，分八个施工段进行施工，其施工过程及流水节拍分别为：挖土2d，回填土4d，混凝土路面6d。试组织成倍节拍流水施工，并绘制施工进度表。

练习5 某分部工程，其施工段划分、施工过程数、流水节拍情况见表2-13。试对该分部工程组织流水施工，并绘制施工进度表。

表2-13 各施工过程的流水节拍

施工段 施工过程	1	2	3	4	5
A	3	2	3	3	4
B	2	2	3	4	4
C	3	4	4	3	5
D	1	1	3	2	1

练习6 试指出如图2-70所示的网络图中的错误。

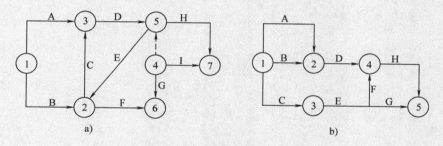

图2-70 网络图

练习7 根据表2-14中各施工过程的逻辑关系绘制双代号网络图，并进行节点编号。

表2-14 各施工过程的逻辑关系

施工过程	A	B	C	D	E	F	G	H
紧前过程	无	A	B	B	B	C、D	C、E	F、G
紧后过程	B	C、D、E	F、G	F	G	H	H	无

练习8 根据如图2-71所示的双代号网络图计算各时间参数，并在图上标出关键线路。

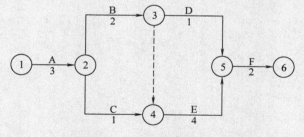

图2-71 双代号网络图

练习9 根据表2-15中所列的数据绘制双代号网络图，并用逐条线路比较法计算总工期，标出关键线路，最后绘制时标网络图。

表 2-15　工作间的关系及持续时间表

工作名称	A	B	C	D	E	F	G	H	I	J
紧前工作	无	A	A	B	B	D	F	E、F	C、E、F	H、G
持续时间	8	6	5	1	4	7	3	5	12	9

练习 10　某基础工程分为四个施工过程，即挖土、垫层、基础、回填土，按三个施工段组织施工，其流水节拍分别为 3d、3d、4d、5d，试绘制双代号网络图及流水网络块。

单元 3

施工组织设计

单元概述

本单元介绍了施工组织设计的基本知识，包括工程概况的编制、施工方案的确定与施工方法的选择、施工进度计划的编制及施工平面图的确定、主要技术组织措施与经济指标的确定及有关设计案例。

 学习目标

了解施工方案的确定方法，了解施工进度计划的编制方法，了解施工平面图的确定方法，学会编制分部工程施工组织设计。

 课题1 施工组织设计的基本知识

施工组织设计是以单个建筑物为编制对象，用以指导工程投标、签订承包合同、施工准备和施工全过程的技术经济文件，是施工企业编制月、旬施工计划和编制劳动力、材料、机械设备计划的主要依据。施工组织设计根据设计阶段和编制对象的不同可以划分为两类：一类是投标前编制的标前设计，另一类是签订工程承包合同后编制的标后设计。

施工组织设计一般由施工单位项目部的技术人员负责编制，并根据项目的大小，报上级主管部门审批。

一、施工组织设计的编制原则

（1）做好现场工程技术资料的调查工作 一切工程技术资料是编制施工组织设计的主要依据，原始资料的真实性与数据的可靠性将直接影响施工组织设计，尤其是水文、地质、材料供应、运输以及水电供应等资料。每个工程各有不同的难点，在编制施工组织设计前应注意针对施工难点收集资料，当有了完整、确切的资料后，就可以根据实际条件编制施工组织设计文件，并从中选择一个最优设计。

（2）严格遵守合同规定的工程竣工及交付使用的期限 工期较长的项目，应根据生产需要安排分期分批施工。在确定分期分批施工的项目时，必须注意使每期交工的一套项目可以独立发挥效用，并使主要项目同有关的附属辅助项目同时完工，以便完工后可以独立使用，从实质上缩短工期，尽早发挥投资的经济效益。

（3）合理安排施工程序 在安排施工程序时，首先要及时完成有关的施工准备工作，为正式施工创造良好的条件，准备工作视施工需要，可以一次完成或是分期完成；其次要按照建筑施工的客观规律，将整个工程划分成几个阶段，如施工准备阶段、基础工程阶段、主体工程阶段、屋面工程阶段、装饰工程阶段等，在各个阶段中采用流水作业法组织施工，以保证施工的连续性、均衡性，并且在各个阶段之间互相搭接，使之衔接紧凑，力求缩短工期。

（4）采用多层次技术结构的施工技术　采用多层次技术结构，因地制宜地促进技术进步和建筑工业化的发展，选择恰当的预制装配方案或机械化现场浇筑方案，并恰当选择自行装备、租赁机械或机械化现场分包施工等多方式施工，同时要积极采用新材料、新工艺、新设备与新技术，努力为新结构的推行创造条件。

（5）恰当安排冬雨期施工项目　对于那些必须进入冬雨期施工的工程，应落实季节性施工措施，以增加全年的施工日数，保证施工的连续性和均衡性。对于使用民工较多的工程，还应考虑农忙时劳动力调配的问题。

（6）确保工程质量和施工安全　在施工组织设计中，必须提出确保工程质量的技术措施和安全措施，尤其要针对工程中采用的新技术和本施工单位较生疏的工艺。

（7）节约费用和降低工程成本　首先要合理布置施工平面图，减少临时设施的搭设，避免现场材料的二次搬运产生的费用，节约施工用地，正确地选择运输工具，以降低运输成本；其次要在安排施工进度时，尽量发挥建筑机械的工效，做到一机多用，尽可能利用当地的资源。

（8）注重环境保护　工程施工与我们的社会环境息息相关，由于在施工中会生产出大量的噪声与灰尘，所以从某种程度上工程施工是对自然环境的破坏与改造，而环境是我们赖以生存和持续发展的基础，因此在施工组织设计中应体现对环境保护的具体措施。

二、施工组织设计的编制依据

1. 标前设计的编制依据

1）可行性研究报告。

2）初步设计文件（或技术设计及扩大初步设计文件）。

3）招标文件。

4）有关工具性参考资料，如工期定额、类似工程的建设资料、估计指标等。

5）市场和社会调查资料。

6）建筑企业自身的生产经营能力。

2. 标后设计的编制依据

1）招标文件、施工合同和施工企业年度施工计划。建设单位对施工的要求，工程范围和内容，工程开、竣工日期，工程造价，工程设计文件及概预算和技术资料的提供日期，材料和设备的供应和进场期限等。

2）经过会审的施工图。单位工程的全部施工图、会审记录和标准图等有关设计资料。对于较复杂的工业厂房，还要有设备图，并了解设备安装对土建施工的要求及设计单位对新结构、新材料、新技术和新工艺的要求，还要了解建设项目的总平面布置图等。

3）标前设计与施工组织总设计。把标前设计与施工组织总设计中的总体施工部署对本工程施工的有关规定和要求作为编制依据。

4）建设单位对工程可能提供的条件。建设单位可能提供的临时办公及施工用房的数量以及供水、供电的情况等。

5）工程预算文件及有关定额。应有详细的分部、分项工程量，必要时应有分层分段或分部位的工程量和使用的预算、施工定额、工期定额等。

6）工程的施工条件。施工中配备的劳动力情况，材料、预制构件的来源及供应情况，施工机具配备及其生产能力等。

7）施工现场的勘察资料。施工现场的地形、地貌、高程，工程地质、水文、气象资料，现场地上与地下障碍物，交通运输情况等。

8）国家相关的规定与标准和有关的参考资料及施工组织设计实例。施工验收规范、质量标准、操作规程、建筑法及规章制度等。

9）有关的参考资料及施工组织设计实例。

三、施工组织设计的编制内容

1. 标前设计内容

标前设计为编制投标书和进行签约谈判提供依据，它主要包括施工方案、施工进度计划、主要技术组织措施、施工平面图及其他有关投标和签约谈判需要的设计。

2. 标后设计内容

根据工程的规模、结构特点和技术复杂程度及其施工条件，标后设计的内容和深度也不尽一致，在编制时要注意起到指导现场施工的作用，一般包括以下五个方面的内容。

（1）工程概况　工程特点、建设地点特征和施工条件等。

（2）施工方案　施工方案的确定、施工机械与施工方法的选择等。

（3）施工进度计划　工程项目中施工过程的工程量、劳动量或机械台班数量、工作延续时间、施工班组人数及施工进度；施工准备工作计划及劳动力、施工机具、主要材料、构件等需要量计划。

（4）施工平面图　工程中起重运输机械位置安排，搅拌站、加工棚、仓库及材料堆场布置，运输道路布置，临时设施及供水、供电管线的布置等。

（5）主要技术组织措施与经济指标　主要技术组织措施主要包括各项技术措施、质量措施、安全措施、降低成本措施和环境污染防护措施、现场文明施工措施等；主要技术经济指标主要包括工期指标、质量指标、安全文明生产指标、材料消耗指标和成本指标等。

对于一般常见的建筑结构简单与建筑面积不大的工程，其施工组织设计可以编制得简单些，内容以施工方案、施工进度计划、施工平面图为主，并辅以简单的文字说明。

四、施工组织设计的编制程序

施工组织设计的编制程序是指对各个组成部分形成的先后次序以及相互之间的制约关系。工程施工组织设计的编制程序如图 3-1 所示，从中可以了解设计的有关内容和步骤。

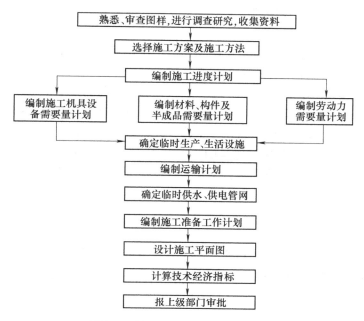

图 3-1 施工组织设计的编制程序

课题2 工程概况与施工特点

施工组织设计中的工程概况，是对拟建工程的工程特点、建设地点特征和施工条件等所作的一个简要的文字介绍，在描述时可以附加一些图进一步说明，如周围环境条件图、工程平面图、工程结构剖面图等。通过描述分析找出工程的施工特点和施工中的关键问题和主要矛盾，尤其要突出新材料、新技术、新结构、新工艺的难点，以便确定施工方案。

工程概况主要包括工程特点、建设地点特征和施工条件。

一、工程特点

工程特点主要是对拟建工程的建设情况，建筑、结构特点进行描述，一般包括以下三个方面的内容。

1. 工程建设情况

工程建设情况主要包括拟建工程的工程名称，工程地址、性质、用途，工程造价、开竣工日期，拟建工程的建设单位、设计单位、监理单位、质量监督单位，施工总承包、主要分包情况，拟建工程的施工合同的范围、合同性质、投资性质、施工图等情况。

2. 建筑结构特点

建筑方面主要包括拟建工程的建筑面积、平面组成、层数、层高、总高、总宽、总长尺寸及内外装饰情况等。

结构方面主要包括拟建工程的基础类型及埋置深度，设备基础的形式，桩基础的根数及深度，主体结构类型，墙、柱、梁、板的材料及截面尺寸，预制构件的类型、重量及安装位置，楼梯构造及形式，抗震设防烈度，混凝土等级，砌体要求，主要实物量等情况。

3. 施工特点

施工特点主要说明工程施工的重点所在，以便突出重点、抓住关键，使施工顺利进行，提高施工单位的经济效益和管理水平。

不同类型的建筑和不同条件下的工程施工，均有其不同的施工特点。如混合结构建筑的施工特点为：砌筑和抹灰工程量大，水平和垂直运输量大等。又如单层排架结构厂房的施工特点为：基础挖土量及现浇混凝土量大，土建、设备、电气、管道等施工安装的协作配合要求高等。再如现浇钢筋混凝土高层建筑的施工特点为：结构和施工机具设备的稳定性要求高，钢材加工量大，混凝土浇筑困难，脚手架搭设要进行设计计算，安全问题突出，要有高效率的机械设备等。

二、建设地点特征

建设地点特征主要包括拟建工程所在的位置、地形、工程与水文地质条件、不同深度的土质分析、冻结时间与冻土层厚度、地下水位、水质、气温、冬雨期起止时间、主导风向、风力等。

三、施工条件

施工条件主要包括拟建工程的水、电、道路、场地的三通一平情况，建筑场地四周环境和材料、构件、加工品的供应来源及加工能力，施工单位的建筑机械和运输工具可供本工程项目使用的程度，施工技术和管理水平等。

对于规模不大的工程，可采用表格形式对工程概况进行说明，见表 3-1 和表 3-2。

表 3-1　工程概况

建设单位		工程名称	设计单位	建筑面积/m²				性 质	结 构	层 次
				地 下	地 上	合 计				
地质资料	钻探单位		技术经济指标	总造价/万元						
	持力层土质			单方造价/（元/m²）						
	地耐力			钢材用量/（kg/m²）						
	地下水位			水泥用量/（kg/m²）						
				木材用量/（m³/m²）						

工程简况及主要实物量

项目	说明	项目	单位	数量	其中
平面图形		挖土 ／ 运土	m³		
长、跨度、高		填土	m³		
地下室		砌石	m³		
基础		砌砖	m³/万块		
梁、柱		捣制混凝土	m³	无筋混凝土 m³	
板		预制梁	m³/根	最重　t/根	
墙体		预制柱	m³/根	最重　t/根	

（续）

建设单位	工程名称	设计单位	建筑面积/m²			性 质	结 构	层 次
			地 下	地 上	合 计			
项目	说明	项目	单位	数量		其中		
门窗		预制板	m³/块	最重 t/根				
圈梁		预制桩	m³/根	桩长 m				
楼梯		门窗	m³/樘					
屋面		屋面	m²					
地面		钢结构	t					
内、外装饰		内、外粉饰	m²					
水暖		水暖						
电照		电照						

表 3-2 施工条件

工地条件简介		施工安排说明		
项 目	说 明	项 目		说 明
场地面积概量		总工期		日历工期 天，实际工期 天
场地地势		其中	地下工期	
场内外道路			主体工期	
场内地表土质			装修工期	
施工用水		单方耗工/（工日/m²）		
施工用电		总工日数		
热源条件		冬期施工安排		
施工用电话号		总体流水方法		
地下障碍物		垂直运输		
地上障碍物		混凝土构件		
空中障碍物		钢 构 件		
周围环境		打桩		
防火条件		土方		
现场预制条件		地下水		
可代暂设房屋		吊装方法		
就地取材		内脚手架		
占地要求		外脚手架		
毗邻建筑情况		关键		

课题3 施工方案

施工方案是施工组织设计的核心，它是在对工程概况和施工特点分析的基础上，确定单位工程的施工程序和顺序、施工起点和流向、主要分部分项工程的施工方法和施工机械等。施工方案选择得是否恰当，将直接影响到工程的质量、进度、成本、安全，因此对施工方案的选择，应在若干个初步方案的基础上作全面的比较，从中选出最优的方案。

一、单位工程的施工程序

单位工程的施工程序是指单位工程中各分部工程和施工阶段的先后次序及其制约关系。确定施工程序时应遵循下列五条原则。

1. 先地下后地上

先地下后地上，主要是指先完成管道、管线等地下设施和土方工程及基础工程，然后开始地上工程的施工。

2. 先主体后围护

先主体后围护，主要是指框架结构建筑和装配式单层工业厂房施工中，先完成主体结构，再进行围护结构施工，但在总的程序上要有合理的搭接。一般情况下，高层建筑应尽量搭接施工，以缩短工期。

3. 先结构后装饰

先结构后装饰，是指先进行主体结构施工，后进行装饰工程的施工，这是指一般情况。为缩短工期，也可以部分搭接施工，如在工期要求很紧的情况下，多层建筑的室内装修可在主体施工到三层以上时开始，与主体同时进行。

4. 先土建后设备

先土建后设备，是指一般情况下土建施工应先于建筑设备安装进行，但它们之间更多的是穿插配合关系，一般在土建施工的同时要配合进行有关建筑设备的安装预埋工作。

5. 交工验收

单位工程施工完成后，施工单位应先进行内部预验收，严格检查工程质量，整理各项技术经济资料。然后经建设单位、监理单位、施工单位和质量监督部门等有关单位进行交工验收，检查合格后方可办理交工验收手续及有关事宜。

二、确定单位工程的施工起点和流向

单位工程的施工起点和流向，是指单位工程在平面上和竖向上施工开始的部位及开展的方向。单层建筑应分区分段地确定平面上的施工流向；多层建筑除要确定平面上的施工流向外，还要确定竖向上的流向。

1. 确定单位工程施工起点和流向时一般应考虑的因素

1）考虑各部分施工内容的繁简程度。技术复杂、对工期有影响的关键部位应先施工，而比较简单的分部分项工程可后施工。

2）考虑用户的使用要求。使用上要求急的部位应先施工，以满足用户的使用要求。

3）生产性建筑要考虑生产工艺流程及投产先后顺序。

4）考虑所选择的施工机械。如基础施工中，由于不同机械的开行路线不同，故所选用的机械就决定了挖土的施工起点和流向。

5）考虑施工组织的要求。施工段的划分部位也是影响其施工流向的主要因素。

当有高低层或高低跨并列时，应先从并列处开始施工。当基础埋深不同时，一般应按先深后浅的顺序进行施工。

2. 单位工程中各分部工程施工起点和流向的一般情况

单位工程中的各个分部工程应结合其施工特点和具体的工程条件来确定其施工流向。而对于多层建筑，其各分部工程的施工起点和流向应按基础、主体、屋面及装修工程分别考虑。

（1）基础工程　基础工程一般由施工机械和施工方法来决定其平面上的施工流向。

（2）主体工程　主体工程在平面上一般从哪边开始都可以，在竖向上一般都是从底层开始，并逐层向上进行施工。

（3）屋面工程　屋面工程一般采用先高后低的施工流向。

（4）装饰工程　装饰工程包括室外装饰和室内装饰。室外和室内的施工顺序可以是先外后内、先内后外或内外同时施工。

室外装饰工程一般采用自上而下的施工流向。

室内装饰工程可采用自上而下、自下而上或自中而下再自上而中的施工流向。

1）装饰工程自上而下的施工流向，是指在主体结构封顶并做完屋面防水层后，装修从顶层开始且逐层向下的施工流向，有水平向下和垂直向下两种形式，如图3-2所示。

这种施工流向的特点为：主体结构完成后，建筑物有一定的沉降时间，这样能保证装修的质量，减少和避免各工种操作的相互交叉，有利于安全施工和现场管理；但室内装修工程不能与主体搭接施工，工期较长。

2）装饰工程自下而上的施工流向，是指当主体施工到三层以上时，装修从底层开始且逐层向上的施工流向，有水平向上和垂直向上两种形式，如图3-3所示。

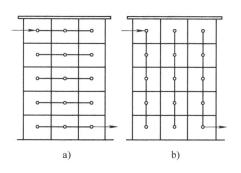

图3-2　自上而下的施工流向

a）水平向下　b）垂直向下

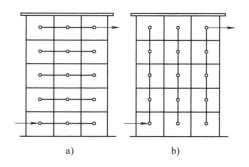

图3-3　自下而上的施工流向

a）水平向上　b）垂直向上

这种流向的特点为装饰工程与主体施工平行搭接，缩短了工期；但由于工种操作的相互交叉，同时需要的资源量较大，使得施工现场的组织与管理复杂。

3）室内装饰工程自中而下再自上而中的施工流向。这种施工流向综合了前述两种施工流向的优点，一般适用于高层建筑的室内装饰工程施工。

（5）安装工程　一般水暖煤电卫的安装要结合土建工程的施工穿插进行。

各种施工流水方案都有不同的特点，要据工程的具体情况、工期的要求等来确定。

三、确定施工顺序

施工顺序是指分部分项工程或施工过程之间施工的先后次序。确定施工顺序时，既要考虑施工的客观规律、工艺顺序，又要考虑使各工种在时间与空间上最大限度进行搭接，从而在保证质量和安全的基础上充分利用工作面，争取时间、缩短工期，取得较好的经济效益。

1. 确定施工顺序的基本要求

（1）遵循施工程序　确定单位工程的施工顺序，首先要符合施工程序的要求。

（2）符合施工工艺的要求　建筑工程施工过程中，各施工过程之间存在着一定的工艺顺序关系，这是由客观规律决定的。如建筑工程施工，要先完成基础才能进行主体施工；现浇钢筋混凝土楼板，要先完成支模板绑钢筋才能浇筑混凝土。

（3）与施工方法和施工机械相协调　施工方案所确定的施工方法和选择的施工机械对施工顺序有很大的影响。如在单层工业厂房结构安装工程中，如选择自行式起重机，一般采用分件吊装法，施工顺序为：吊装柱→吊装梁→吊装各节间的屋架及屋面板等，起重机在厂房内三次开行才能吊装完厂房结构构件；如选择桅杆式起重机，则必须采用综合吊装法，其施工顺序为：一个节间的全部构件吊装完成后，再依次吊装下一个节间的构件，直至构件全部吊装完成。

（4）考虑施工质量的要求　在安排施工顺序时，应以确保工程质量为前提。如室内抹灰，为保证墙面抹灰质量，应先进行顶棚抹灰，再进行墙面抹灰。

（5）考虑施工安全的要求　如室内装饰工程施工，若采用自下而上的施工顺序，则要求主体结构施工到三层以上（隔两层楼板）时才能开始，以保证底层施工操作的安全。

（6）考虑气候条件的影响　工程施工顺序要适应工程建设地点气候变化规律的要求，如在冬雨季到来之前，应先做好室外各项施工工作，为室内施工创造条件。

2. 几种常见建筑的施工顺序

（1）多层混合结构房屋的施工顺序　多层混合结构房屋施工，按照结构部位及施工特点，通常分为基础工程、主体结构工程、屋面工程、装饰工程、房屋设备安装等几个阶段，其施工顺序示意图如图3-4所示。

1）基础工程的施工顺序。基础工程的施工顺序一般为：挖土→做垫层→做基础→地圈梁→回填土。当有地下室时，其施工顺序一般为：挖土→做垫层→地下室底板→地下室墙体→防水层→地下室顶板→回填土。

在挖槽和钎探过程中若发现地下有障碍物或软弱地基时，应进行局部加固处理。因基础工程受自然条件影响较大，各施工过程安排应尽量紧凑。基坑（槽）暴露时间不宜太长，以防暴晒和积水，从而影响其承载力。垫层施工完成后，要留有一定的技术间歇时间，在其具有一定强度之后，再进行下道工序施工。回填土应在基础完成后一次分层压实，这样既可保证基础不受雨水浸泡，又可为后续工作提供场地条件。

各种管沟的施工，应尽可能与基础工程配合进行，平行搭接，合理安排施工顺序，避免重复开挖。

2）主体结构的施工顺序。主体结构的主要施工过程有搭设脚手架，砌筑墙体，安装门窗框，安装过梁，浇筑钢筋混凝土圈梁、构造柱、楼梯、雨篷，吊装预制楼板或浇筑钢筋混

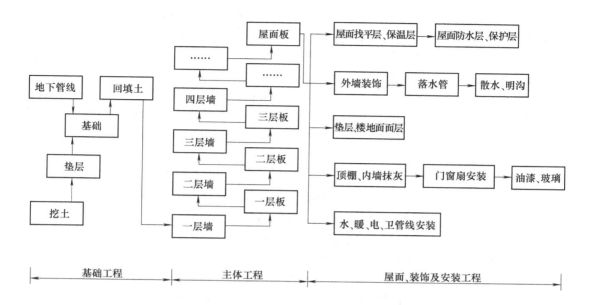

图 3-4 多层混合结构房屋的施工顺序示意图

凝土楼板、屋面板等，其主导施工过程为砌筑墙体和吊装楼板（或现浇楼板）。

在主体施工阶段，砌墙和现浇楼板（或安装楼板）为主导施工过程，故应使它们在施工中连续、均衡、有节奏地进行，其他施工过程则应配合砌墙和现浇楼板（或安装楼板）搭接进行。如脚手架应随主体施工的进行逐层逐段地搭设；其他现浇钢筋混凝土构件的支模板、绑钢筋、浇筑混凝土可安排在现浇楼板的同时或砌筑墙体的最后一步插入。对于现浇楼板的砖混结构房屋，其施工顺序一般为：绑构造柱钢筋→砌筑墙体→支构造柱模板→浇构造柱混凝土→支梁、板、楼梯模板→绑扎梁、板、楼梯钢筋→浇梁、板、楼梯混凝土。

3）屋面与装饰工程的施工顺序。刚性防水屋面的施工顺序一般为：结构层→隔离层→防水层。柔性卷材防水屋面的施工顺序一般为：结构层→找坡层→保温层→找平层→结合层→防水层→保护层，其中找平层施工完成后，要经充分干燥才能进行防水层的施工，以保证防水层的质量。为给装饰施工创造条件，主体结构封顶后，屋面防水施工应尽早开始。

装饰工程的手工作业量大、工种多、材料种类多，因此要妥善安排装饰工程的施工顺序，组织好流水施工。装饰工程分为室外装饰和室内装饰，可采用先外后内、先内后外或内外同时的施工顺序。

室外装饰一般采用自上而下的施工流向，最后再进行台阶、散水的施工。

室内装饰包括安装门窗框、室内抹灰、安装门窗扇、玻璃油漆等。室内抹灰应在室内设备安装并检验后进行，可采用自上而下、自下而上、自中而下再自上而中三种施工顺序。

在同一楼层中室内抹灰的施工顺序有两种，一种为：顶棚→墙面→地面，这种抹灰顺序的优点是工期较短，但由于在顶棚、墙面抹灰时有落地灰，在地面抹灰之前，应将落地灰清理干净，否则会影响地面的抹灰质量，同时，在进行楼地面抹灰时的施工渗漏水可能会影响墙面的抹灰质量，所以在施工时要注意采取一定的措施；另一种为：地面→顶棚→墙面，按照这种顺序施工，室内清洁方便，地面抹灰质量容易保证，但地面抹灰完成后需要有一定的养护时间，之后才能进行顶棚和墙面的抹灰。

楼梯和走道是施工的主要通道，在施工期间容易损坏，应在抹灰工程结束时由上而下施工，并采取相应的保护措施。底层地面抹灰一般在各层墙面、楼地面做好后进行。门窗框的安装应在抹灰前进行，而门窗扇的安装可根据施工条件和气候情况在抹灰前或抹灰后进行。门窗油漆后再安装玻璃。

4）房屋设备安装工程。房屋设备安装工程的施工一般与土建施工交叉进行。基础阶段埋设好相应的管沟后，再进行回填土；主体阶段在砌筑墙体和现浇楼板时，再预留电线、水管等的孔洞和其他预埋件；装修阶段应安装各种管道和附墙暗管、接线盒等。水暖煤电卫等设备安装最好在楼地面和墙面抹灰之前或之后穿插施工。

（2）框架剪力墙结构施工顺序　钢筋混凝土框架剪力墙结构由于具有广泛的适用性和良好的抗震性能，在我国的高层建筑中得到了大量应用。按照结构部位及施工特点，通常分为基础及地下结构工程、主体结构工程、屋面工程、装饰工程、设备安装工程等。施工顺序示意图如图3-5所示。

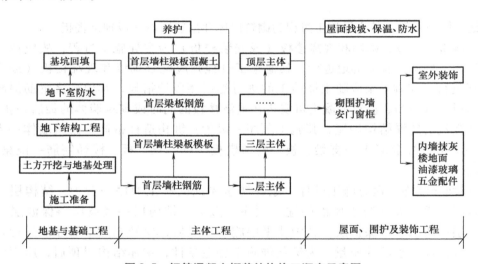

图3-5　钢筋混凝土框剪结构施工顺序示意图

1）地基及地下结构工程施工顺序。施工准备→土方开挖→钎探、验槽→地基加固→垫层→基础钢筋、模板、混凝土→墙、柱钢筋→水电预留预埋→墙柱模板、混凝土→拆模养护→梁板模板、钢筋→水电预留预埋→梁板混凝土→养护→外墙防水→基坑回填。

高层建筑基础一般埋置较深，因此多为深基坑开挖。基坑支护及地基处理一般由专业公司制订专项施工方案，并进行施工。

施工时采用机械开挖土方、人工修整。设计基底标高以上须预留30cm保护层采用人工挖除，严禁机械超挖。施工时，避免地基土受水浸泡或长时间暴晒。基础土方开挖后，及时进行基槽验收，并根据放坡情况采取有效的边坡支护措施。基坑验收后及时进行垫层的施工。做好地下室底板及墙身的防水。

2）主体阶段施工顺序。主体阶段的施工主要包括梁、板、柱、剪力墙的施工。根据模板使用情况，一般有两种施工顺序。第一种：测量放线→绑扎剪力墙、柱钢筋→水电预留预埋→安装剪力墙、柱、梁、板模板→绑扎梁板钢筋→水电预留预埋→浇筑剪力墙、柱、梁、板混凝土→养护→下一循环。第二种施工顺序：测量放线→绑扎柱、剪力墙钢筋→安装柱、剪力墙模板→浇筑柱、剪力墙混凝土→拆模→安装梁、板、楼梯模板→绑扎梁、板、楼梯钢筋→浇筑梁、板、楼梯混凝土→养护→拆模→下一循环。

在主体施工阶段，要做好以下工作来确保主体结构的工程质量：做好钢筋的原材料、加工、绑扎、焊接等质量控制；做好模板的安装、拆除质量控制，并做好维护与修理工作；做好混凝土的质量、浇筑、养护、施工缝留设与处理、后浇带施工等质量控制；做好脚手架搭设与拆除的质量控制。

3）围护结构及装饰工程施工顺序。围护工程包括砌筑外墙、内墙、安装门窗等施工过程。这些施工过程，可以按要求组织平行、搭接及流水施工。装饰工程包括室内抹灰、楼地面、吊顶、油漆、玻璃、外墙面等施工过程，工作量大，在保证安全与质量的情况下，一般组织交叉施工，加快施工进度。

4）安装工程施工。安装工程包括给水排水工程、动力及照明工程、空调通风工程、弱电工程（消防控制、电视、电话、综合布线）等，主要按专业工种的特点施工，土建施工时应密切配合相关专业加强预留预埋工作，以防错、漏、碰、缺。

（3）钢结构厂房施工顺序　在当今建筑工业化的生产中，钢结构厂房是目前公认的较好的一类。钢结构厂房一般具有轻质、节能、耐用、经济的特点，所以其应用比例在逐年上升。钢结构厂房按结构部位及施工特点，一般分为基础工程、钢结构构件制作、钢结构安装、装饰装修及设备安装等几个阶段。其施工工艺顺序如图3-6所示。

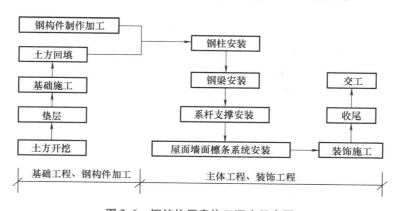

图3-6　钢结构厂房施工顺序示意图

1）基础阶段施工顺序。测量放线→土方开挖→垫层→基础及柱筋绑扎→基础模板→基础底部混凝土浇筑→埋件放置、焊接固定→柱模板、混凝土→土方回填。

土方开挖不宜在雨季进行。开挖过程中对定位标准桩、轴线桩、标准水准点等不得碰撞，要保持其位置的正确性。土方开挖后要及时验槽，减少坑底土体暴露时间，及时进行垫层施工。回填前要对基础等设施进行检查验收，分层回填夯实。

2）钢结构构件制作阶段。本阶段包括屋架、柱子、天窗架、吊车梁、屋面板等构件。

土建工程施工的同时在工厂进行钢结构构件加工制作，这样在土建工序具备吊装条件时，钢结构安装工序能够及时穿插进行，从而缩短施工工序的间隔时间，缩短施工工期。

3）钢结构安装阶段施工顺序。钢结构安装顺序应根据结构特点合理安排，保证安装阶段结构稳定。一般顺序为安装准备→钢柱梁安装→系杆及支撑安装→屋面、墙面檩条系统安装→检查验收。

单层工业厂房钢结构，宜按立柱、连系梁、柱间支撑、吊车梁、屋架、檩条、屋面支撑、屋面板的顺序进行安装。钢柱安装前，应检查柱底支承埋件的平面、标高位置和地脚螺栓的偏差情况。安装过程中，及时安装临时柱间支撑或稳定缆绳，空间结构稳定后再扩展安装。

对于多层钢结构厂房的安装顺序，宜按照从下到上、先柱后梁、先主后次的顺序进行吊装。安装前应对建筑物的定位轴线、底层柱的位置线、柱底基础标高、混凝土强度等级进行复核，合格后方能进行安装。

4）装饰阶段施工。包括屋面、墙板、涂料等分项工程，一般在结构完成后组织立体交叉，平行流水作业。水电安装应与土建工程密切配合，做好预埋工作。

四、确定施工方法和选择施工机械

施工方法和施工机械的选择是施工方案中的重要问题，它直接影响施工进度、质量、安全及工程成本。一个工程的每个施工过程，其施工方法可采用多种形式。应根据施工对象的建筑特征、结构形式、场地条件及工期要求等，对多种施工方法进行比较，选择一个先进合理的适合本工程的施工方法，并选择相应的施工机械。

1. 施工方法的选择

（1）确定施工方法应遵守的原则

1）选择施工方法时，首先应着重考虑影响整个单位工程的分部分项工程。如工程量较大、施工技术复杂或采用新技术、新工艺及对工程质量起关键作用的分部分项工程，对常规做法和工人熟悉的项目，只需要提出具体要求，不必详细拟定施工方法。

2）施工方法在技术上的先进性和经济上的合理性应统一。选择施工方法时，除要求技术上先进合理外，还要考虑对施工单位的可行性和经济性。

3）要考虑施工技术上的要求。如吊装机械的型号及数量的选择应满足构件吊装的技术和进度要求。

（2）主要分部分项工程的施工方法要点

1）土石方工程。计算土石方工程的工程量，确定土石方的开挖或爆破方法，选择土石方施工机械；确定土壁放坡的边坡系数或土壁支护形式及打桩方法；选择地面排水、降低地下水位的方法，确定排水沟、集水井或布置井点降水所需的设备；确定土方调配方案。

2）基础工程。浅基础施工的技术要点及所需的机械型号和数量；桩基础的施工方法及施工机械的选择；地下室工程施工的技术要求等。

3）砌体工程。脚手架的搭设方式及要求；垂直及水平运输设备的选择；砖墙的组砌方法和质量要求；弹线及皮数杆的控制要求等。

4）钢筋混凝土工程。确定混凝土工程的施工方案；确立模板类型和支模方法，对于复杂工程还需进行模板设计和模板放样；确定钢筋的加工、绑扎、焊接方法及所需的机具型号和数量；选择混凝土制备方案，确定搅拌、运输、浇筑方法，选择混凝土垂直运输机械；确定施工缝的留设位置及处理要求；确定预应力混凝土结构的施工方法，选择所需的机具型号和数量等。

5）结构吊装工程。确定构件的吊装方法及所需的机械型号和数量；确定吊装机械的开行路线，布置构件制作平面，拼装场地；确定构件运输、装卸、堆放要求和所需的机具型号和数量等。

6）屋面工程。确定屋面工程的施工方法；确定屋面工程各个层次的操作要求；确定屋面工程所用的材料和运输方式等。

7）装饰工程。确定装饰工程的施工方法及操作要求；确定材料的运输方式及储存要求；确定工艺流程和施工组织，尽可能使装修与结构施工穿插进行，以缩短工期。

8）其他项目。对于特殊项目，如采用新材料、新工艺、新技术、新结构的项目以及大跨度、高耸结构、水下结构、软弱地基等项目，应单独选择施工方法，阐明施工技术要点，进行技术交底，拟定安全质量措施。

2. 施工机械的选择

选择施工方法，必然要考虑所选用的施工机械。机械化施工是当前建筑工程生产的主流，因此施工机械的选择是施工方法选择的中心环节。选择施工机械考虑的主要因素有以下四点：

1）根据工程特点，首先选择适宜主导工程的施工机械，如土方工程的机械、主体结构工程的垂直及水平运输机械、结构吊装工程的起重机械等。

2）辅助机械或运输工具要与主导机械的生产能力相协调，以充分发挥主导机械的效率。如土方工程在采用汽车运土时，汽车的载重量应为挖掘机斗容量的整数倍，且汽车的数量应能保证挖掘机连续工作（和运距有关）。

3）兼顾施工机械的适用性和多样性，充分发挥施工机械的利用率。同一工地上，应力求建筑机械的种类和型号尽可能少一些，以利于机械管理和降低成本；尽量做到一机多能，以提高机械的使用效率。

4）机械的选用应考虑充分发挥施工单位现有机械的能力，当不能满足工程需要时，则应购置或租赁所需的新型机械或多用机械。

 课题4 施工进度计划

施工进度计划是在确定施工方案和施工方法的基础上，根据工期和各种资源供应条件，按照施工中合理的施工顺序及组织要求，采用图表形式（横道图或网络图）来表示工程的各个施工项目从开始施工到竣工结束的时间上的安排与相互间搭接关系的一种计划安排，它是施工组织设计的重要内容之一。

一、施工进度计划的作用和分类

1. 施工进度计划的作用

施工进度计划有以下几个作用：

1）控制工程的施工进度，保证在规定的工期内完成符合质量要求的工程任务。

2）确定工程的各个施工过程的施工顺序、施工持续时间及相互之间的配合和合理制约关系。

3）为编制季度、月度生产作业计划提供依据。

4）为制订劳动力、机械设备、物资材料需要量计划和编制施工准备工作计划提供依据。

2. 施工进度计划的分类

工程施工进度计划根据施工项目划分的粗细程度，可分为控制性和指导性进度计划两类。

控制性进度计划按分部工程来划分施工项目，以控制各分部工程的施工时间及其相互搭接、配合关系，它主要适用于工程结构复杂、规模较大、工期较长且需跨年度施工的工程，如体育场、火车站等公共建筑以及大型工业厂房等，还适用于工程规模不大或结构不复杂但各种资源如劳动力、机械、材料不落实的情况以及由于建筑结构等可能变化的情况。

对于编制控制性施工进度计划的工程，当各分部工程的施工条件基本落实之后，在施工之前还应编制指导性施工进度计划。指导性施工进度计划按分项工程或施工过程来划分施工项目，从而具体确定各施工过程的施工时间及其相互搭接、配合关系，它适用于任务具体而明确、施工条件基本落实、各种资源供应正常、施工工期不太长的工程。

二、施工进度计划的表示方法

施工进度计划通常用图表形式来表达，有横道图和网络图两种形式，网络图的表示方法详见课题2，由于横道图直观、简单、方便，是施工中应用最广泛的进度计划表示方法，所以这里以横道图为主讲述，其形式见表3-3。

表3-3 施工进度计划

序号	分部分项工程名称	工 程 量			劳 动 量		需用机械		每天工作班次	每班工人数	工作天数	施 工 进 度	
		单位	数量	定额	工种	数量/工日	机械名称	台班数				月	月

表3-3由左右两部分组成，表的左边部分列出了分部分项工程的名称、相应的工程量、采用的定额、需要的劳动量或机械台班数量、每天工作班次、每班工作人数及工作持续天数等；表的右边部分是规定的开工之日起到竣工之日止的进度指示图表，采用水平线段反映各施工项目的搭接关系和施工进度，有时在进度图表的下方绘出每天的资源需要量，表中的格子根据需要可以是一格表示一天或若干天。

三、施工进度计划的编制依据和程序

1. 施工进度计划的编制依据

编制施工进度计划的主要依据有如下几条：

1）经过会审的建筑总平面图和全套施工图，地形图，水文、地质、气象资料。

2）施工总设计对本工程的有关规定。

3）建设单位对施工工期的要求及开、竣工日期。

4）工程主要的施工方案与施工方法、技术组织措施。

5）工程施工条件和劳动力、材料、构件及机械的供应条件以及分包单位的情况等。

6）工程的预算文件。

7）劳动定额及机械台班定额。

8）其他有关的要求和资料。

2. 施工进度计划的编制程序

施工进度计划的编制程序如图3-7所示。

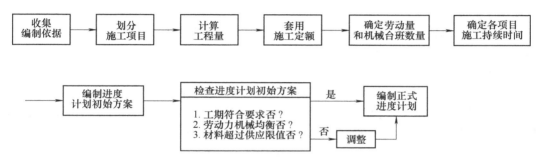

图3-7 施工进度计划的编制程序

四、施工进度计划的编制

施工单位项目经理部的技术负责人员在收到施工图及取得有关资料后，应组织工程技术人员及有关施工人员全面熟悉和详细审查图样，并组织建设、监理、施工等单位的有关工程技术人员进行会审，再由设计单位的技术人员进行技术交底，在弄清楚设计意图的基础上，研究有关技术资料，同时进行施工现场的勘察，调查施工条件，为编制施工进度计划做好准备工作。

根据施工进度计划的编制程序，其主要步骤和方法如下所述。

1. 划分施工项目

施工项目是包括一定工作内容的施工过程，也是进度计划的基本组成单元。编制施工进度计划时要根据施工图、施工方案与施工方法，确定拟建工程可划分成哪些分部分项工程，并明确其划分的范围，使之成为编制施工进度计划所需的施工项目。施工项目划分的一般要求和方法如下所述：

（1）施工项目划分的粗细程度 施工项目划分的粗细程度应根据进度计划的性质来确定，对于控制性施工进度计划，其施工项目可以划分得粗些，并以分部工程来列项，如多层

现浇结构房屋的控制性进度计划，应列出施工前准备、打桩工程、基础工程、主体工程、屋面工程、装饰工程六个分部工程；对于指导性施工进度计划，项目要划分得详细些，并以分项工程来列项，其中主导施工过程应详细列出，这样施工项目将更加具体化，便于掌握施工进度，起到指导施工的作用。

（2）施工项目划分要结合施工方案　施工过程的划分要结合所采用的施工方案，如结构安装工程采用分件吊装法时，应按照构件的施工顺序列出柱吊装、梁吊装、屋架扶直就位、屋盖吊装等施工项目；当采用综合吊装法时，只要列出结构吊装一项即可。

（3）某些施工项目应单独列项　凡工程量大、用工多、工期长、施工复杂的项目，应单独列项。凡影响下一道工序的施工项目也应单独列项，如回填土。

现浇钢筋混凝土工程，根据施工组织和结构特点，一般可划分为支模、绑筋、浇筑混凝土等施工过程，现浇框架结构分项可细一些，如可分为柱子绑筋、安装柱子模板、浇筑柱子混凝土、安装梁板模板、绑扎梁板钢筋、浇筑梁板混凝土、养护、拆模等施工项目。

外墙抹灰一般只列一项，如有瓷砖贴面等装饰，可分别列项。

室内的各种抹灰应分别列项，如地面抹灰、顶棚及墙面抹灰、楼梯面及踏步抹灰等，以便组织施工和安排施工。

设备安装应单独列项，水暖电卫和设备安装智能系统等专业工程不必细分具体内容，而是由各专业施工队自行编制计划并组织施工，且要在工程施工进度计划中反映出这些工程与土建工程的配合关系。

（4）施工项目要适当地合并　为了使计划清楚和避免施工项目划分得太细、重点不突出，应把一些次要的施工过程合并到主要的施工过程中去，如基础防潮层施工可合并在基础墙体施工内；由同一工种施工的也可合并在一起，如各种油漆施工包括钢窗油漆、钢门油漆、铁栏杆油漆等均可并为一项；施工关系密切且不容易分出先后的施工过程也可以合并，如散水、勒脚、明沟等均可合并为一项。

混合结构工程中，由于该结构形式的现浇混凝土的工程量不大，一般不再细分，故可以合并为一项，并由施工班组各工种互相配合施工。

对于次要的、零星的施工过程，可合并为"其他工程"一项。

（5）施工项目仅包括施工现场的直接施工　直接在拟建工程的工作面上施工的项目，经过适当合并后均应列出，不在施工现场而在拟建工程工作面之外完成的项目，如各种构件在场外的预制及运输一般不必列项，在使用前运入施工现场即可。

施工项目划分之后，应大致按照施工顺序依次填入施工进度计划表的"施工项目"一栏内。

2. 计算工程量

工程量应根据施工图和有关计算规则及相应的施工方法进行计算，如果已编制了预算文件，则施工进度计划中的工程量可根据施工项目所包括的内容从预算工程量的相应项目内抄出并汇总，以避免重复计算。例如，确定进度计划中砌筑墙体项目的工程量，可首先分析它包括哪些内容，然后按其所包含的内容从预算工程量中全部摘抄出来，在进行汇总后求得。当进度计划中的施工项目与预算项目不同或有出入时，如计量单位、计算规则、采用定额等不同时，则应根据施工的实际情况加以修改或重新计算。

计算时应注意以下几个方面的问题：

（1）工程量的计量单位　施工定额中某些项目的工程量计量单位与预算定额有所不同，计算时应使每个项目的工程量单位与采用的施工定额一致，以便在计算劳动量及材料需要量时可以直接套用，从而不再进行换算。

（2）所采用的施工方法　计算工程量时，应结合选定的施工方法和安全技术要求，使计算所得的工程量与施工实际情况相符合。例如，挖土时是否放坡，是否增加工作面，坡度大小与工作面尺寸是多少，是否使用支撑加固，开挖方式是单独开挖、条基开挖还是整片开挖，这些都将直接影响到基础土方工程量的计算。

（3）结合施工组织的要求　组织流水施工时的项目应按施工层、施工段划分，故应列出分层、分段的工程量。如果每层、每段的工程量相等或出入不大时，可计算一层、一段的工程量，再分别乘层数、段数，就可得出每层、每段的工程量。

3. 套用施工定额

根据所划分的施工项目、工程量和施工方法，可套用施工定额，即当地实际采用的劳动定额及机械台班定额，以确定劳动量和机械台班数量。

施工定额有两种形式，即时间定额和产量定额。时间定额是指某种专业、某种技术等级的工人小组或个人在合理的技术组织条件下完成单位合格产品所必需的工作时间，一般用符号 H_i 表示，它的单位有工日/m³、工日/m²、工日/m、工日/t 等。因为时间定额以劳动工日数为单位，便于综合计算，故在劳动量统计中用得比较普遍。产量定额是指在合理的技术组织条件下某种专业、某种技术等级的工人小组或个人在单位时间内所完成的合格产品数量，一般用符号 S_i 表示，它的单位有 m³/工日、m²/工日、m/工日、t/工日 等，因为产量定额以产品数量来表示，具有形象化的特点，故在分配任务时用得比较普遍。

时间定额和产量定额是互为倒数关系的，即式（3-1）：

$$H_i = \frac{1}{S_i} \tag{3-1}$$

套用国家或当地颁发的定额时，必须注意结合本单位工人的技术等级、实际施工技术操作水平、施工机械情况和施工现场条件等因素，从而确定完成定额的实际水平，使计算出来的劳动量、机械台班数量符合实际需要，为准确编制施工进度计划打下基础。

有些采用新技术、新材料、新工艺或特殊施工方法的项目在定额中尚未编入，这时可参考类似项目的定额、经验资料按实际情况确定。

4. 确定劳动量和机械台班数量

根据施工项目的工程量和实际采用的定额，计算出劳动量和机械台班数量。

（1）劳动量的确定　劳动量一般按式（3-2）计算。

$$P_i = Q_i/S_i = Q_iH_i \tag{3-2}$$

式中　P_i——施工项目所需的劳动量（工日）；

$\quad\quad Q_i$——施工项目的工程量（m³、m²、m、t 等）；

$\quad\quad S_i$——施工项目采用的产量定额（m³/工日、m²/工日、m/工日、t/工日）；

$\quad\quad H_i$——施工项目采用的时间定额（工日/m³、工日/m²、工日/m、工日/t）。

【例3-1】　已知某单层工业厂房的柱基坑土方量为3240m³，采用人工挖土，每工产量定额为3.9m³，则完成挖基坑所需的劳动量是多少？若已知时间定额为0.256 工日/m³，完成挖基坑所需劳动量是多少？

解：$P_{挖} = Q_{挖}/S_i = \dfrac{3240}{3.9}$ 工日 $= 830$ 工日

$P_{挖} = Q_{挖} H_i = (3240 \times 0.256)$ 工日 $= 830$ 工日

当施工项目由两个或两个以上的施工过程或内容合并组成时，其总劳动量可按式（3-3）计算。

$$P_{总} = \Sigma P = P_1 + P_2 + \cdots + P_n \tag{3-3}$$

【例 3-2】　某厂房杯形基础施工，其支模板、绑扎钢筋、浇筑混凝土三个施工过程的工程量分别为 719.6m²、6.284t、287.3m³，时间定额分别为 0.253 工日/m²、5.28 工日/t、0.833 工日/m³，则完成杯形基础所需的总劳动量是多少？

解：$P_{模} = (719.6 \times 0.253)$ 工日 $= 182$ 工日

$P_{钢筋} = (6.284 \times 5.28)$ 工日 $= 33$ 工日

$P_{混凝土} = (287.3 \times 0.833)$ 工日 $= 239$ 工日

$P_{总} = P_{模} + P_{钢筋} + P_{混凝土} = (182 + 33 + 239)$ 工日 $= 454$ 工日

（2）机械台班数量的确定　以机械操作为主的施工项目，应按式（3-4）计算机械台班量。

$$D_i = Q_i/S_i' = Q H_i' \tag{3-4}$$

式中　D_i——施工项目所需的机械台班数量（台班）；

Q_i——机械完成的工程量（m³、t、件）；

S_i'——机械的产量定额（m³/台班、t/台班、件/台班）；

H_i'——机械的时间定额（台班/m³、台班/t、台班/件）。

当合并的施工项目由同一工种的施工过程或内容组成，但施工的做法、材料等不同时，可按式（3-5）计算其综合产量定额。

$$\begin{aligned}
\overline{S}_i &= \frac{\Sigma Q_i}{\Sigma P_i} = \frac{Q_1 + Q_2 + \cdots + Q_n}{P_1 + P_2 + \cdots + P_n} \\
&= \frac{Q_1 + Q_2 + \cdots + Q_n}{\dfrac{Q_1}{S_1} + \dfrac{Q_2}{S_2} + \cdots + \dfrac{Q_n}{S_n}}
\end{aligned} \tag{3-5}$$

式中　　　　$\overline{S}_i$——施工项目的综合产量定额（m³/工日，m²/工日，m/工日，t/工日等）；

ΣQ_i——总的工程量（m³、m²、m、t 等）；

ΣP_i——总的劳动量（工日）；

Q_1、Q_2、$\cdots$、Q_n——同一工种但施工做法不同的各个施工过程的工程量；

S_1、S_2、$\cdots$、S_n——与 Q_1、Q_2、$\cdots$、Q_n 相对应的产量定额。

【例 3-3】　某学校的教学楼，其外墙面抹灰装饰分别为干粘石、贴饰面砖、剁假石三种施工做法，其工程量分别为 48m²、85m²、124m²，所采用的产量定额分别为 3.6m²/工日、2.5m²/工日、4.3m²/工日，试求综合产量定额。

解：$\overline{S}_{外墙抹灰} = \dfrac{48 + 85 + 124}{\dfrac{48}{3.6} + \dfrac{85}{2.5} + \dfrac{124}{4.3}}$ m²/工日 $= \dfrac{257}{76.17}$ m²/工日 $= 3.37$ m²/工日

对于其他工程项目所需的劳动量，可根据其内容和数量，并结合施工现场的具体情况，以占总劳动量的百分比来计算，一般占总劳动量的10%～20%。

水、暖、电、卫、通信等建筑设备及生产设备安装工程项目应由专业安装队伍施工，在编制进度计划时，可以不计算其劳动量和机械台班数量，仅安排与一般土建工程配合的施工项目。

5. 确定各项目的施工持续时间

施工项目的持续时间最好按正常情况确定，这时它的费用一般是较低的，待编制出初步进度计划并经过计算后再结合实际情况作必要的调整，这是避免因盲目抢工而造成浪费的有效办法。按照实际的施工条件来估算项目的持续时间则是较为简便的办法。

施工项目工作持续时间的计算方法一般有经验估计法、定额计算法和倒排计划法。

（1）经验估计法　经验估计法是根据过去的施工经验进行估计的方法，这种方法多适用于采用新工艺、新方法、新材料等无定额可循的工程。有时为了提高计算的准确程度，往往采用"三时估计法"，即先估计出完成该项目的最长时间、最短时间、最可能时间这三种持续时间，然后据此求出期望的施工持续时间作为该项目的持续时间，其计算公式为式（3-6）：

$$T_i = \frac{A + 4C + B}{6} \tag{3-6}$$

式中　T_i——施工项目的持续时间；

A——施工项目的最长施工持续时间；

B——施工项目的最短施工持续时间；

C——施工项目的最可能施工持续时间。

（2）定额计算法　定额计算法根据施工项目需要的劳动量或机械台班数量以及配备的工人人数或机械台数来确定其工作的持续时间，当施工项目所需的劳动量或机械台班数量确定后，可按式（3-7）计算施工任务的持续时间。

$$T_i = \frac{Q_i}{S_i R_i N} = \frac{Q_i H_i}{R_i N} = \frac{P_i}{R_i N} \tag{3-7}$$

式中　T_i——项目施工持续时间（按进度计划的粗细程度可以采用小时、日或周）；

Q_i——项目的工程量，可以用实物量单位表示；

R_i——拟配备的工人或机械的数量，用人数或台数表示；

S_i——产量定额，即单位工日或台班完成的工程量；

H_i——时间定额，即某种专业、某种技术等级的工人小组或个人在合理的技术组织条件下完成单位合格产品所必需的工作时间；

P_i——劳动量（工日）或机械台班数量（台班）；

N——每天工作班制。

【例3-4】　某工程砌筑墙体，需要劳动量110工日，一班制工作，每天出勤人数为22人（其中瓦工为10人，普工为12人），则施工的持续时间是多少？

解：
$$T_{砌墙} = \frac{110}{22 \times 1} d = 5d$$

在确定施工班组人数时，首先应满足最小劳动组合人数的要求，因为人数过少会引起劳动生产率的下降；其次要考虑最小工作面的因素，因为最小工作面决定了最高限度可安排多少工人，如果无限制地增加人数会造成工作面的不足，从而产生窝工现象；最后要考虑可能安排的施工人数及其合理组合，其目的是达到最高的劳动生产率。

在安排班次时宜采用一班制，如果工期要求紧则可采用二班制或三班制，以加快施工速度，充分利用施工机械。

（3）倒排计划法 倒排计划法根据施工方式及总工期的要求，先确定施工时间和工作班制，再确定施工班组人数或机械台数，计算公式为式（3-8）：

$$R_i = \frac{Q_i}{S_i N T_i} = \frac{Q_i H_i}{T_i N} = \frac{P_i}{T_i N} \qquad (3-8)$$

式中的符号与式（3-7）相同。

如果计算出的需要的施工人数或机械台数超过了本单位现有的数量时，应从技术上、组织上采取措施，即组织平行立体交叉流水施工，某些项目采用多班制施工，提高混凝土早期强度等。

6. 编制施工进度计划的初始方案

在上述内容确定出来后，即可编制初步的施工进度计划。一般采用流水施工的组织方式，在满足工艺和工期要求的前提下，先安排主导施工过程的施工进度，使其施工班组尽可能连续施工，而其余施工过程尽可能与主导施工过程最大限度地合理搭接，进行配合施工或平行施工，使其相互联系，从而形成施工进度计划的初步方案。例如，混合结构房屋施工中，主体工程的墙体砌筑是主导施工过程，在安排施工进度时，应先考虑墙体砌筑的速度，而主体的圈梁、过梁、现浇楼板等施工项目的进度均应在保证墙体砌筑的进度和连续性的前提下来安排。

另外也可按照施工工艺的合理性，在工序间采用尽量穿插、搭接或平行作业的方法，将各施工阶段流水作业用横线在表的右侧最大限度地搭接起来，即可得到施工进度计划的初步方案。

7. 施工进度计划的检查与调整

对于初步编制的施工进度计划要进行全面的检查，先检查各个施工过程的施工顺序、平行搭接及技术间歇是否合理，然后检查编制的工期能否满足合同规定的工期要求，再检查劳动力及物资资源方面是否能均衡，最后进行调整直至满足要求，从而编制出正式的施工进度计划。

（1）施工顺序的检查与调整 施工进度计划安排的施工顺序应符合建筑施工的客观规律，应从技术上、工艺上、组织上检查各施工顺序是否正确、流水施工的组织方法的应用是否正确、平行搭接施工及施工中的技术间歇是否合理。例如，屋面工程中的第一个施工项目应在主体结构屋面板施工完毕之后开始，混凝土浇筑之后的拆模时间应满足技术要求等。

（2）施工工期的检查与调整 施工进度计划安排的计划工期应满足施工合同的要求，其次应具有较好的经济效益，即安排的工期要合理，但不是越短越好，一般在分析施工进度计划的经济效益时，使用的指标是提前时间与节约时间。

提前时间 = 上级要求或合同规定工期 – 计划工期，节约时间 = 定额工期 – 计划工期。

当工期不符合要求时应进行必要的调整，首先检查各施工过程的持续时间、起止时间是否合理，应特别注意对施工项目起控制作用的主导施工过程，要缩短这些工作的施工时间，并注意施工人数、机械台班数量的重新确定。

（3）劳动消耗的均衡性 对于各个工种，每日出勤的工人人数应力求不发生过大的变动，即劳动量的消耗应力求平衡，劳动消耗的均衡性是用劳动量消耗动态图表示的，如图3-8所示，其竖向坐标表示人数，其横向坐标表示施工进度（单位为天数）。

图3-8a所示为短时期高峰，说明人数在短时期内骤增，而为工人服务的各项临时设施要增加；图3-8b所示为长时期低陷，将发生窝工现象，如果工人调出，则临时设施不能充分利用；图3-8c所示为短时期低陷，甚至是很大的低陷，这是允许的，这种情况不会发生显著的影响，只要把少数工人的工作量重新安排一下，窝工现象就可以避免。

劳动消耗的均衡性可用劳动力不均衡系数 K 来表示，其计算公式为式（3-9）：

$$劳动力不均衡系数\ K = \frac{最高峰人数}{平均人数} \tag{3-9}$$

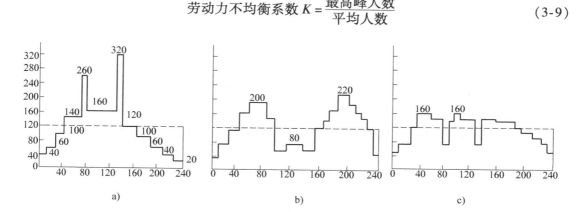

图3-8 劳动力消耗动态图
a）短时期高峰 b）长时期低陷 c）短时期低陷

最高峰人数、平均人数均为施工期间的工人人数，平均人数为每日人数之和除总工期所得人数。K 值最理想为1，在2以内为好，超过2则不正常，需要进行调整。

（4）施工机械的利用 施工机械的利用是指对主要施工机械的利用，通常指混凝土搅拌机、灰浆搅拌机、自行式起重机、塔式起重机等，在编制施工进度计划时，机械利用是通过机械利用程度来反映的，以便充分发挥机械的效率。

应当指出，施工进度计划的步骤不是孤立的，有时是相互依赖、相互联系、同时进行的。由于建筑施工是复杂的生产过程，受客观条件影响的因素很多，如气候和物资与材料的供应、资金等，施工中经常会出现不符合原计划要求的现象，所以施工进度计划并不是一成不变的，在施工中应随时掌握施工动态，经常检查，不断调整。

五、施工准备及各项资源需要量计划

当施工进度计划编制完成后，应根据施工进度、施工图、工程量计算等资料，着手编制施工准备计划和各项资源需要量计划。这些计划是施工组织设计的组成部分，是工程安排施工准备及资源供应的主要依据，也是顺利执行施工进度计划的关键。

1. 施工准备工作计划

施工准备工作是工程的开工条件，也是施工中的一项重要内容。为了保证施工进度计划的实施，根据已确定的施工方案、施工方法及施工进度计划的要求，编制施工准备工作计划。施工准备工作的主要内容包括技术准备、现场准备、资源准备及其他准备工作。

施工准备工作的表格形式见表3-4。

表3-4 施工准备工作计划表

序 号	准备工作项目	工 程 量		简 要 内 容	负责单位或负责人	起 止 日 期		备 注
		单位	数量			日/月	日/月	

2. 资源需要量计划

（1）劳动力需要量计划　劳动力需要量计划主要反映工程施工所需的各工的人数，是控制施工现场劳动力平衡与调配的主要依据，也是安排现场临时生活福利设施的依据。劳动力需要量计划的编制方法为：将各施工过程每天所需的工人按工种分别统计，得出每天的工种和人数，然后按施工进度进行汇总。劳动力需要量计划的表格形式见表3-5。

表3-5 劳动力需要量计划表

序 号	工 种 名 称	人 数	月			月			备 注
			上旬	中旬	下旬	上旬	中旬	下旬	

（2）主要材料需要量计划　主要材料需要量计划是施工备料、供料、确定仓库和材料堆场的面积及做好运输组织的依据，编制时应给出材料的名称、规格、数量、使用时间等，其表格形式见表3-6。

表3-6 主要材料需要量计划

序 号	材 料 名 称	规 格	需 要 量		使 用 时 间	备 注
			单 位	数 量		

（3）构件和半成品需要量计划　构件、半成品需要量计划主要用于落实加工订货单位，并按照所需的规格、数量、时间来组织加工、运输和确定仓库或材料堆场，它是根据施工图和施工进度计划编制的，其表格形式见表3-7。

表3-7 构件和半成品需要量计划

序号	构件、半成品名称	规格	图号、型号	需要量		使用部位	加工单位	使用日期	备注
				单位	数量				

（4）施工机械需要量计划　施工机械需要量计划主要用于确定施工机械的名称、类型、型号、数量、使用时间，可作为落实机械来源和组织进场的依据，其表格形式见表3-8。

表3-8 施工机械需要量计划

序号	机械名称	类型、型号	需要量		货源	使用起止时间	备注
			单位	数量			

课题5　施工平面图

施工平面图是对拟建工程的施工现场所作的平面规划和布置，是施工组织设计的主要内容，是现场文明施工的基本保证，是布置施工现场的依据，也是施工准备工作的一项重要依据。具体而言，施工平面图用以解决施工所需的各项设施与永久建筑（拟建的和已建的）相互间的合理布局，并按照施工布置、施工方案和施工进度计划将各项生产、生活设施在现场平面上进行周密规划和布置。同时，施工平面图也是实现文明施工、节约场地、减少临时设施费用的先决条件。

施工平面图表明工程施工所需的机械、加工场地，材料、成品、半成品堆场，临时道路，临时供水、供电、供热管网和其他临时设施的合理布置位置。绘制施工平面图一般采用1：200～1：500 的比例。

对于一些工程量大、工期较长或场地狭小的工程，往往按基础、结构、装修分不同施工阶段绘制施工平面图。

一、施工平面图设计的内容

施工平面图中规定的内容要按时间、需要结合实际情况来决定。工程施工平面图一般应表明以下 7 项内容：

1）施工现场内已建和拟建的地上、地下的一切建筑物、构筑物和管线位置或尺寸。

2）测量放线标桩、杂土及垃圾堆放场地。

3）垂直运输设备的平面位置，脚手架、防护棚的位置。

4）材料、加工成品、半成品、施工机具设备的堆放场地。

5）生产、生活用临时设施（包括搅拌站、钢筋棚、木工棚、仓库、办公室及临时供水、供电、供暖线路和现场道路等）并附一览表，一览表中应分别列出各项设施的名称、规格、数量及面积。

6）安全、防火设施。

7）必要的图例、比例尺、方向及风向标记，施工平面图图例见表3-9。

表3-9　施工平面图图例

序号	名　称	图　例	序号	名　称	图　例
1	水准点	⊗ 点号/高程	14	现有永久公路	
2	原有房屋		15	施工用临时道路	
3	拟建正式房屋		16	临时露天堆场	
4	施工期间利用的拟建正式房屋		17	施工期间利用的永久堆场	
5	将来拟建正式房屋		18	土堆	
6	临时房屋　密闭式 / 敞棚式		19	砂堆	
7	拟建的各种材料围墙		20	砾石、碎石堆	
8	临时围墙	—×—×—×	21	块石堆	
9	建筑工地界线	—·—·—	22	砖堆	
10	烟囱		23	钢筋堆场	
11	水塔		24	型钢堆场	
12	房角坐标	$x=1530$ $y=2156$	25	铁管堆场	
13	室内地面水平标高	▽ 105.10	26	钢筋成品场	
			27	钢结构场	
			28	屋面板存放场	

（续）

序号	名　称	图　例	序号	名　称	图　例
29	一般构件存放场		51	塔轨	
30	矿渣、灰渣堆		52	塔式起重机	
31	废料堆场		53	井架	
32	脚手架、模板堆场		54	门架	
33	原有的上水管线		55	卷扬机	
34	临时给水管线				
35	给水阀门（水嘴）		56	履带式起重机	
36	支管接管位置		57	汽车式起重机	
37	消火栓（原有）		58	缆式起重机	
38	消火栓（临时）		59	铁路式起重机	
39	原有化粪池		60	多斗挖土机	
40	拟建化粪池		61	推土机	
41	水源		62	铲运机	
42	电源		63	混凝土搅拌机	
43	总降压变电站		64	砂浆搅拌机	
44	发电站		65	洗石机	
45	变电站		66	打桩机	
46	变压器		67	脚手架	
47	投光灯		68	淋灰池	
48	电杆		69	沥青锅	
49	现有高压 6kV 线路	—WW6—WW6—	70	避雷针	
50	施工期间利用的永久高压 6kV 线路	—LWW6—LWW6—			

上述内容可根据建筑总平面图的要求与现场实际进行设计。

在工程实际中，施工平面图的内容可根据工程规模、施工条件和生产需要适当增减。例如，当现场采用商品混凝土时，混凝土的制备往往在场外进行，这样施工现场的临时堆场就减少了，但现场的临时道路要求就相对高一些。当工程规模较大或各施工阶段或分部工程施工较复杂时，其施工平面图应根据情况分阶段设计。

二、施工平面图设计的依据

一般可根据建筑总平面图、现场地形地貌、现有水源、电源、热源、道路、四周可以利用的房屋和空地、施工组织总设计、本工程的施工方案与施工方法、施工进度计划及各临时设施的计算资料来绘制施工平面图。其中，较为重要的有如下几个：

1）建筑总平面图。在设计施工平面布置图前，应对施工现场的情况作深入详细的调查研究，掌握一切拟建及已建的房屋和地下管道的位置，如果它们对施工有影响，则需考虑提前拆除或者迁移。

2）单位工程施工图。要掌握结构类型和特点、建筑物的平面形状及高度、材料做法等。

3）已拟好的施工方法和施工进度计划。了解单位工程施工的进度及主要施工方法，以便布置各阶段的施工现场。

4）施工现场的现有条件。掌握施工现场的水源、电源、排水管沟、弃土地点以及现场四周可利用的空地；了解建设单位能提供的原有的可利用的房屋及其他生活设施（如食堂、锅炉房、浴室等）的情况。

三、施工平面图的设计原则

1. 布置紧凑，占地要省，不占或少占农田

在满足施工条件的前提下，要尽可能减少施工用地。少占施工用地除了在解决城市场地拥挤和少占农田方面有重要意义外，对于建筑施工而言也减少了场内运输工作量和临时水电管网，既便于管理又减少了施工成本。为了减少施工用地，常可采取一些技术措施。例如，合理地计算各种材料现场的储备量以减少堆场面积，对于预制构件可采用叠浇方式，尽量采用商品混凝土，采用多层装配式活动房屋作为临时建筑等。

2. 尽量降低运输费用，保证运输方便，减少二次搬运

最大限度地减少场内材料的运输，特别是减少场内二次搬运。为了缩短运距，各种材料应尽可能按计划分期、分批进场，以充分利用场地。合理安排生产流程，施工机械的位置及材料、半成品等的堆场应根据使用时间的要求，尽量靠近使用地点。要合理地选择运输方式和铺设工地的运输道路，以保证各种建筑材料和其他资源的运距及转运次数为最少。在同等条件下，应优先减少楼面上的水平运输工作。

3. 在保证工程顺利进行的前提下，力争减少临时设施的工程量，降低临时设施费用

为了降低临时设施的施工费用，最有效的办法是尽量利用已有或拟建的房屋和各种管线为施工服务。另外，对必须建造的临时设施，应尽量采用装拆式或临时固定式。尽可能利用施工现场附近的原有建筑物作为施工临时设施。临时道路的选择应尽量使土方量最小，临时水电系统的选择应使管网线路的长度为最短。

4. 要满足安全、消防、环境保护和劳动保护的要求，符合国家有关规定和法规

为了保证施工的顺利进行，场内道路应畅通，机械设备所用的缆绳、电线及有关排水沟、供水管等不得妨碍场内交通。易燃设施（如木工房、油漆材料仓库等）和有碍人体健康的设施（如熬柏油、化石灰等）应满足消防要求，并布置在空旷和下风处。主要的消防设施（如灭火器等）应布置在易燃场所的显眼处并设有必要的标志。

5. 要便于工人生产与生活

正确合理地布置行政管理和文化生活、福利等临时用房的相对位置，使工人因往返而消耗的时间最少。

四、施工平面图的设计步骤和要点

单位工程施工平面图的一般设计步骤为：确定垂直起重运输机械的位置，布置材料、构件、仓库和搅拌站的位置，布置运输道路，布置行政管理、文化、生活、福利等用临时设施，布置临时供水管网、临时供电管网。

1. 确定垂直运输机械的位置

起重机械的位置直接影响仓库、堆料、砂浆和混凝土搅拌站的位置及道路和水的布置等，因此要首先予以考虑。影响这些设施的因素主要有施工机械、结构框架、装修部件及预制件大小等。起重机械也可用于其他辅助性作业，如装卸材料、清理垃圾等。

（1）计算施工期间永久建筑物的起重要求　项目经理应该根据图样和表格，判断需要吊运哪些材料及部件，并与施工进度联合考虑。

（2）确定工地上仓储的最长时间　项目经理应在安装以前确定哪些材料应发运到工地。当然这因材料或部件的型号而不同，也与工地仓库的容量有关，因此要综合考虑工地的最大储存量，防止发生损坏，保证需要时有足够的材料。

（3）确定施工期每周内的实际需要量　有些材料和部件在运到现场后应立即安装，有的则在运到现场后储存待用。首先考虑需采用起重机械安装的部件，然后考虑第二批材料和部件，当起重机械有空时即进行吊装，或采用其他方式运送。

（4）确定每种材料的尺寸、重量和特性　这些数据将会影响起重机械的型号及其位置。

（5）确定起重机械的型号、尺寸及位置　这不仅取决于起重的物件、现场的空间、可能的位置等，还取决于使用的移动式起重机或塔式起重机的优点，当地的习惯做法也会起影响作用。对于起重机械自身，考虑的决定性因素是起重的位置和重量和最后拆卸或放下的位置和重量。在实践中，起重机械的型号和位置必须按它吊运的部件来确定。

1）固定式垂直运输设备的布置，主要根据力学性能、建筑物的平面形状和大小、施工段划分的情况、材料和已有运输道路等情况而确定，其目的是充分发挥起重机械的能力并使水平运距最小。但有时为了运输方便，运距稍大些也是可以的。一般来说，当建筑各部位的高度相同时，垂直运输设备布置在施工段的分界线附近；当建筑物各部位的高度不同时，垂直运输设备布置在高低分界线处。这样布置的优点是楼面上各施工段的水平运输互不干扰。例如，井架的位置应布置在有窗口之处，以避免砌墙留槎和减少井架拆除后的修补工作。固定式垂直运输设备中卷扬机的位置不应与起重机械距离过近，一般距离应大于10m，以便操作司机能看到整个升降过程。

2）塔式起重机的布置要结合建筑物的形状及四周的场地情况布置。起重高度、服务半径及起重量要满足要求，使材料和构件可运至建筑物的任何使用地点。

路基应按规定进行设计和建造，其位置主要根据拟建建筑物的平面形状、尺寸和施工场地的条件及安装工艺来确定。要考虑起重机械最大的服务半径（R），使材料和构件获得最大的堆放场地并能直接运至任何施工地点。

塔式起重机的服务范围以轨道两端有效端点的轨道中点为圆心，以最大回转半径为半径，画出两个半圆，再连接两个半圆，即为塔式起重机的服务范围。在确定起重机的服务范围时要避免出现死角，如图3-9所示，如果确实不能避免死角，则死角越小越好；有时为了保证死角范围内的构件能顺利施工，可以在布置起重机械时将塔式起重机与井架或龙门架结合使用。

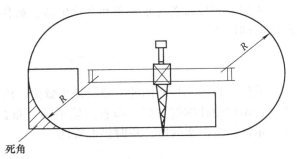

图 3-9 塔式起重机布置的死角

当在塔式起重机的起重臂操作范围内有架空电线等通过时，应特别注意采取安全措施，尽可能避免交叉，如高压线必须高出起重机并留有安全距离。当塔式起重机的轨道及路基在排水坡下边时，应在其上游设置挡水堤或截水沟将水排走，以免雨水冲坏轨道及路基。

有轨式起重机的轨道一般沿建筑物的长度方向布置，其布置方式有三种，即单侧布置、双侧布置、环形布置，如图3-10所示。

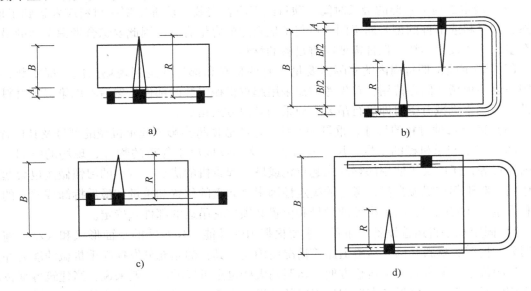

图 3-10 起重机的布置方式
a）单侧布置 b）双侧布置 c）跨内单行布置 d）跨内环形布置

以上各种垂直运输设备的位置均影响着仓库、堆料、砂浆、混凝土搅拌站的位置及场内道路和水电管网的布置。平面布置是否合理，也直接影响起重机的吊装速度。在起重机运行路线上，地下、地上及空间的障碍物应提前处理或排除，以防止发生安全事故。

2. 布置材料、构件、仓库和搅拌站的位置

材料、构件、仓库和搅拌站的位置应尽量靠近使用地点或布置在起重能力范围内，并要考虑到运输和装卸材料的方便。底层以下用料可堆放在基础四周，但不宜与基坑、槽边距离太近，以防止基槽塌方。

（1）根据施工阶段、施工部位和使用先后顺序的不同确定　根据施工阶段、施工部位和使用先后顺序的不同，材料、构件等堆场位置一般有以下几种布置方式。

1）建筑物基础和第一层施工所用的材料，应该布置在建筑物的四周，其材料堆放位置应根据基槽（坑）的深度、宽度及坡度确定，并与基槽边缘保持一定距离，以免造成基槽（坑）土壁的坍方事故。

2）第二层以上建筑物的施工材料应布置在起重机附近。

3）砂、石子等大宗材料应尽量布置在搅拌站附近。

4）多种材料同时布置时，对大宗的、重量大的和先期使用的材料，应尽可能靠近使用地点或起重机附近布置；而少量的、轻的和后期使用的材料，则可布置得稍远一些。

5）按不同施工阶段使用不同材料的特点，在同一位置上可先后布置几种不同的材料，如砖混结构民用房屋中的基础施工阶段，可在其四周布置毛石，而在主体结构第一层施工阶段可沿四周布置砖。

（2）根据起重机械的类型确定　根据起重机械的类型，搅拌站、仓库和材料、构件堆场位置又有以下几种布置方式。

1）当采用固定式垂直运输设备时，应尽可能靠近起重机布置，以减少远距离搬运或二次搬运。

2）当采用塔式起重机进行垂直运输时，应布置在塔式起重机的有效起重幅度范围内。

3）当采用无轨自行式起重机进行水平或垂直运输时，应沿起重机运行路线布置，且其位置应在起重臂的最大外伸长度范围内。

另外，当混凝土基础的体积较大时，混凝土搅拌站可以直接布置在基坑边缘附近，待混凝土浇筑完后再转移，以减少混凝土的运输距离。

木工棚和钢筋加工棚的位置可考虑布置在建筑物四周以外的地方，但应有一定的堆放场地用来堆放木材、钢筋和成品。现场作业棚所需面积的参考指标见表3-10。

表3-10　现场作业棚所需面积的参考指标

序号	名　称	单　位	面积/m²	备　注
1	木工作业棚	m²/人	2	占地为建筑面积的2~3倍
2	电锯房	m²	80	86~91cm 圆锯1台
	电锯房	m²	40	小圆锯1台
3	钢筋作业棚	m²/人	3	占地为建筑面积的3~4倍
4	搅拌棚	m²/台	10~18	
5	卷扬机棚	m²/台	6~12	
6	烘炉房	m²	30~40	
7	焊工房	m²	20~40	
8	电工房	m²	15	
9	白铁工房	m²	20	

（续）

序号	名 称	单 位	面积/m²	备 注
10	油漆工房	m²	20	
11	机、钳工修理房	m²	20	
12	立式锅炉房	m²/台	5~10	
13	发电机房	m²/kW	0.2~0.3	
14	水泵房	m²/台	3~8	
15	空压机房（移动式）	m²/台	18~30	
	空压机房（固定式）	m²/台	9~15	

石灰仓库和淋灰池的位置要接近砂浆搅拌站并布置在下风向；沥青堆场及熬制锅的位置要离开易燃仓库或堆场，也应布置在下风向。

总之，当垂直运输采用塔式起重机时，材料、构件堆场和砂浆及混凝土搅拌站的出料口等应布置在塔式起重机的有效起吊范围内。构件的堆放位置还应考虑安装顺序，先吊的放在上面、前面，后吊的放在下面。构件进场时间应与安装进度密切配合，力求直接就位，避免进行二次搬运。如采用固定式垂直运输设备时，材料、构件堆场应尽量靠近，以减少二次搬运。

布置搅拌站时，首先应根据任务大小、工程特点、现场条件等，考虑搅拌站的位置、规模和搅拌机型号；然后尽量使熟料由搅拌站到需要的工作地点的运距最短，并使运输道路与场外道路相连。冬期施工时，还应考虑热源设施。目前，一般利用大型搅拌站集中生产混凝土，并采用混凝土搅拌运输车运至现场，这样可节约施工用地，提高机械利用率。

3. 布置运输道路

场内道路的布置，主要目的是满足材料构件的运输和消防要求。布置时应使道路通到各种材料及构件的堆放场地，并且距离越短越好，以便于装卸。消防对道路的布置要求，除了使消防车能直接开到消火栓处之外，还应使道路靠近建筑物、木料场，以便消防车能直接进行灭火抢救。

布置道路时还应考虑下列几个方面的要求：

1）尽量使道路布置成环形，以提高运输车辆的行车速度，使道路形成一个循环，从而提高车辆的通过能力；消防通道宽度应不小于3.5m。

2）应考虑第二期开工的建筑物位置和地下管线的布置，并要与后期施工结合起来考虑，以免临时改道或道路被切断而影响运输。

3）布置道路时应尽量将临时道路与永久道路相结合，即可先修永久性道路的路基作为临时道路使用，尤其是在需修建场外临时道路时要着重考虑这一点，可节约大量投资。在有条件的地方，可把永久道路路面也事先修建好，从而更有利于运输。

道路的布置还应满足一定的技术要求，如路面的宽度、最小转弯半径等，可参考表3-11。

表3-11 施工现场最小道路的宽度及最小转弯半径

车辆、道路类别	道路宽度/m	最小转弯半径/m	车辆、道路类别	道路宽度/m	最小转弯半径/m
汽车单行道	≥3.5	9	平板拖车单行道	≥4.0	12
汽车双行道	≥6.0	9	平板拖车双行道	≥8.0	12

4. 布置临时设施

工地的临时设施应包括行政管理用房、料具仓库、加工间及生活用房等几大类。现场原有的房屋，在不妨碍施工的前提下，应加以保留利用；有时为了节省临时设施的面积，可先建造小区建筑中的附属建筑的一部分，建成后先将其作为施工临时设施使用，待整个工程施工完毕后再进行移交，如果所建的工程处在一个大工地，且有若干个幢号同时施工时，则应统一布置临时设施。行政生活福利用临时建筑的参考指标见表 3-12。

表 3-12　行政生活福利用临时建筑的参考指标

临时房屋名称	指标使用方法	参考指标/（m²/人）	备　　注
一、办公室	按干部人数	3 ~ 4	1. 本表是根据在全国范围收集到的有代表性的企业、地区的资料综合
二、宿舍	按高峰年（季）平均职工人数（扣除不在工地住宿人数）	2.5 ~ 3.5	
单层通铺		2.5 ~ 3	
双层床		2.0 ~ 2.5	2. 工区以上设置的会议室已包括在办公室指标内
单层床		3.5 ~ 4	
三、家属宿舍		16 ~ 25	3. 家属宿舍应以施工期长短和离基地情况而定，一般按高峰年职工平均人数的 10% ~ 30% 考虑
四、食堂	按高峰年平均职工人数	0.5 ~ 0.8	
五、食堂兼礼堂	按高峰年平均职工人数	0.6 ~ 0.9	
六、其他合计	按高峰年平均职工人数	0.5 ~ 0.6	4. 食堂包括厨房、库房，应考虑在工地就餐人数和几次进餐
医务室	按高峰年平均职工人数	0.05 ~ 0.07	
浴室	按高峰年平均职工人数	0.07 ~ 0.1	
理发	按高峰年平均职工人数	0.01 ~ 0.03	
浴室兼理发	按高峰年平均职工人数	0.08 ~ 0.1	
俱乐部	按高峰年平均职工人数	0.1	
小卖店	按高峰年平均职工人数	0.03	
招待所	按高峰年平均职工人数	0.06	
托儿所	按高峰年平均职工人数	0.03 ~ 0.06	
子弟小学	按高峰年平均职工人数	0.06 ~ 0.08	
其他公用	按高峰年平均职工人数	0.05 ~ 0.10	
七、现场小型设施			
开水房		10 ~ 40	
厕所	按高峰年平均职工人数	0.02 ~ 0.07	
工人休息室	按高峰年平均职工人数	0.15	

临时设施的种类、大小及位置应根据工程的实际需要来确定。应尽可能地节省新建临时设施的面积，大型设施的新建还应按规定逐级上报审批。

5. 布置临时供水管网

一般需要考虑施工现场的生产用水和生活用水，由建设单位的干管或自行布置的干管接到用水地点。布置时应力求使管网总长度最短。临时供水首先要经过计算、设计再进行设置。施工组织设计的供水计算和设计可以简化或根据经验进行安排，一般建筑面积为 5000 ~ 10000m² 的建筑工程施工，其施工用水主干管直径为 100mm，支管直径为 50mm 或 25mm。

供水管网的布置形式如图 3-11 所示。

（1）环形管网　管网为环形封闭形状，其优点是能够保证可靠供水，因为当管网某一处发生故障时，水仍能沿管网的其他支管供水；其缺点是管线长、造价高、管材耗量大。

（2）枝形管网　管网由干线及支线两部分组成。管线长度短，造价低，但供水可靠性差。

（3）混合式管网　主要用水区及干管采用环形管网，其他用水区采用枝形支线供水，这种混合式管网兼具上述两种管网的优点，在工地中应用得较多。

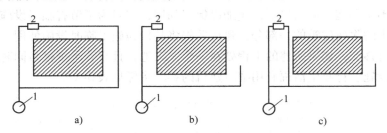

图 3-11　临时供水管网布置图
a）环形管网　b）枝形管网　c）混合式管网
1—水源　2—混凝土搅拌站

布置供水管网时还应考虑室外消火栓的布置要求。室外消火栓应沿道路设置，其间距不应超过 120m，且与房屋外墙距离应为 1.5～5m，与道路距离不应大于 2m。现场消火栓处要设有明显标志，并配备足够的水龙带，且其周围 3m 以内不准存放任何物品。室外消火栓给水管的直径应不小于 100mm。高层建筑施工时应设置专用的高压泵和消防竖管。消防高压泵应采用非易燃材料建造，并设置在安全位置。

为了防止水的意外中断，可在建筑物附近设置简单的蓄水池，并储有一定数量的生产和消防用水。如果水压不足时，还应设置高压水泵。为便于排除地面水和地下水，要及时修通永久性下水道，并结合现场地形在建筑物四周设置排除地面水和地下水的沟渠。

管线可埋设于地面以下，也可铺设在地面上，这由当时的气温条件和使用期限的长短来确定。管线最好埋设在地面以下，以防汽车及其他机械在上面行走时将其压坏。严寒地区的管线应埋设在冰冻线以下，且其明管部分应进行保温处理。

6. 布置临时供电管网

临时供电设计包括用电量计算、电源选择、电力系统选择和配置。用电量包括电动机用电量、电焊机用电量、室内和室外照明用电量。如果是扩建的单位工程，可在计算出施工用电总数后再提供给建设单位让其解决，不另设变压器。独立的单位工程施工时，要先计算出现场施工用电和照明用电的数量，再选用变压器和导线的截面及类型。

施工现场临时用电线路布置时，一般有以下两种形式的系统：

（1）枝状系统　这种系统是在用电地点直接架设干线与支线，其优点是省线材、造价低，缺点是若线路内发生任何故障断电都将影响其他用电设备的使用。因此，对需要连续供电的机械设备（如水泵等）应避免使用枝状线路。

（2）网状系统　网状系统即用一个变压器或两个变压器在闭合线路上供电。在大工地及起重机械（如塔式起重机）多的现场最好采用网状系统，这样既可保证供电，又可减少机械用电时的电压降。

施工现场布置用电线路时，既要满足生产用电要求，还应使线路长度最短。如工地有吊装机械时，供电线路应布置在吊装机械运行路线的回转半径以外；如确有困难时，在吊装机械的回转半径以内的部分用电线路必须搭设防护栏，其防护高度应高过线路 2m，机械在运转时也应采取必要的措施以确保吊装时的安全。

施工现场所采用的变压器应布置在现场边缘高压线接入处，变压器四周还应设置铁丝网等。变压器不宜布置在交通要道口；配电室应靠近变压器，以便于管理。

现场架空线必须采用绝缘铜线或绝缘铝线。架空线必须设在专用的电杆上，并且要布置在道路同一侧，禁止架设在树木、脚手架上。

如上所述就是单位工程施工平面图设计的要点。在实际设计中，各种因素往往互相牵连、互相影响。要求经过反复酝酿，考虑平面上和空间上的可能性和合理性。

对于大型的建筑工程和施工期限较长或建设地点较为狭小的工程，就需要按不同施工阶段分别设计若干张施工平面图，以便把不同施工阶段的工地上的合理布置生动具体地反映出来。对于较小的建筑物，一般按主要施工阶段的要求来布置施工平面图，同时要考虑其他施工阶段如何周转使用施工场地。综合施工平面图中，应根据各专业工程在各施工阶段中的要求将现场平面合理划分，从而使专业工程各得其所，并具备良好的施工条件，以便各单位工程根据综合施工平面图布置现场。

课题6 主要技术组织措施与经济指标

技术组织措施是指在技术和组织方面对工程质量、安全生产、降低成本和文明施工所制定的一系列管理方法，主要包括工程质量、安全生产、降低成本、现场文明施工等保证措施。

一、工程质量保证措施

工程质量的保证措施，一般从以下几个方面考虑。

1）保证工程定位放线、轴线尺寸、标高测量等正确无误的措施。

2）保证地基承载力及各种基础和地下结构施工质量的措施。

3）主体结构工程中关键部位的施工质量措施。

4）复杂工程、特殊工程施工的技术措施，如确保屋面防水施工、各种抹灰及装饰操作施工质量的技术措施等。

5）常见的易发生质量通病的改进方法及防范措施。

6）各种材料或构件进场在使用前的质量检查措施。

7）对新工艺、新材料、新技术、新结构的施工操作提出的质量措施要求。

8）冬雨期施工的质量保证措施。

9）执行施工质量的检查、验收制度。

二、施工安全保证措施

施工安全保证措施应贯彻整个安全操作规程，预测施工过程中可能发生的问题，并有针对性地提出预防措施，以杜绝施工中伤亡事故的发生，从而保证施工安全。施工安全保证措施主要有以下几个：

1）重视安全施工生产宣传与教育，即新工人上岗前必须进行安全教育及岗位培训，重视安全检查制度。

2）对拟建工程的特点、地质和地形特点、施工环境、施工条件等，提出预防可能产生的突发性自然灾害的技术组织措施和具体实施办法，如保证土石方边坡的稳定性的技术措施。

3）高空作业安全防护及保护措施和人工及机械设备的安全生产措施，如脚手架、吊篮、安全网的设置及在各类洞口防止人员坠落的措施以及外用电梯、塔式起重机等垂直运输机具的拉结要求和防倒塌措施。

4）安全用电、防短路、防火、防爆、防毒等措施，现场设立消火栓与消防安全通道的措施。

5）保护现场施工及交通车辆安全通行的措施，对周围居民进行隔离保护等措施。

6）使用新工艺、新技术、新材料的安全措施。

7）季节性施工安全措施，如雨期的防洪、防雨和夏季的防暑降温以及冬季的防滑、防火等措施。

三、降低成本措施

降低成本措施主要是根据工程的具体情况按分部分项工程提出相应的节约措施，计算有关的技术经济指标，并分别列出节约的工料数量及金额，以便衡量降低成本的效果，其内容主要有以下几点：

1）合理使用人力，降低施工费用。

2）合理进行土石方平衡，节约土石方运输费及人工费。

3）综合利用吊装机械，减少吊次，做到一机多用，提高机械利用率，节约成本。

4）增收节支，减少管理费用的支出。

5）利用新工艺、新技术、新材料提高工效，降低材料的耗用量，节约成本。

6）精心组织物资的采购、运输及现场管理工作，最大限度地降低原材料、成品及半成品的成本。

7）保证工程质量，减少返工现象，减少浪费。

8）保证安全生产，减少事故的发生，避免意外事故带来的损失。

降低成本措施包括节约劳动力、材料费、机械设备费用、临时设施费用等，在工程中要处理好降低成本、提高质量和缩短工期三者的关系，对降低成本措施要计算其经济效果。

四、现场文明施工措施

现场文明施工与场容管理的内容主要包括以下几个方面。

1）施工现场的围栏与标牌设置，出入口交通安全，道路，场地，安全与消防设施制备。

2）临时设施的规划与搭接，办公室、更衣室、食堂、厕所的安全与环境卫生。

3）施工现场的噪声污染处理，散料、施工垃圾的运输，施工中的灰尘污染、废水与废气的污染处理。

4）各种材料、半成品、构件的堆放管理。

5）成品保护及施工机械保养。

五、技术经济指标

施工组织设计在技术上是否可行、在经济上是否合理，需要通过科学的计算和分析比较来确定，从而选择技术经济效果最佳的方案，可见技术经济分析为寻求施工增产节约的途径和提高经济效益提供了信息，为不断改进与提高施工组织设计水平提供了依据。

施工组织设计中的技术经济指标应包括质量指标、工期指标、劳动指标、材料使用指标、机械使用指标、降低成本指标等。这些指标应在施工组织设计基本完成后进行计算，并反映在组织设计文件中作为考核的依据。

施工组织设计技术经济指标选用如图 3-12 所示的指标体系。

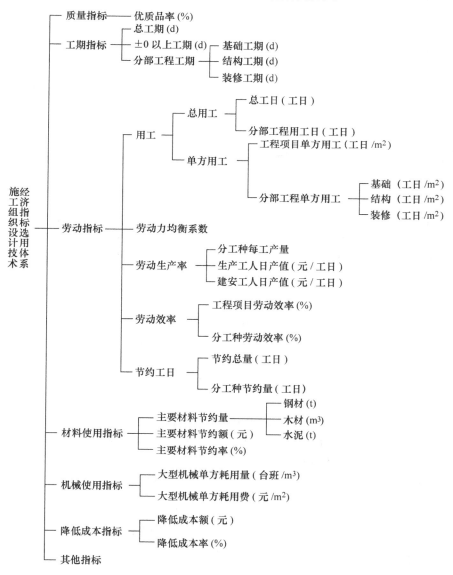

图 3-12   施工组织设计技术经济指标体系

工程施工组织设计的技术经济分析重点为：工期，质量，安全，成本，劳动力使用，场地占用和利用，临时设施，协作配合，材料节约，新技术，新设备、新材料、新工艺的采用，环境保护；主要应围绕质量、工期、成本、安全四个方面，选用某一方案的原则是在工程质量能达到合格（或优良）前提下做到工期合理、成本较低。

对于工程施工组织设计，不同的设计内容应有不同的技术经济分析重点，如下几点所述。

1）基础工程应以土方工程、现浇混凝土、打桩、排水和防水、运输进度、工期为重点。

2）结构工程应以垂直运输机械选择、流水段划分、劳动组织、现浇钢筋混凝土支模、浇灌及运输、脚手架选择、特殊分项工程施工方案、各项技术组织措施为重点。

3）装修阶段应以施工顺序、质量保证措施、劳动组织、分工协作配合、材料节约、技术组织措施为重点。

课题7　施工组织设计案例

——×××住宅小区施工组织设计案例

一、工程主要概况

工程主要概况见表3-13、表3-14、表3-15。

表3-13　工程建设基本概况

序号	项　目	内　容	序号	项　目	内　容
1	工程名称	×××住宅小区	7	质量监督单位	崇文区质量监督站
2	工程地址	北京崇文区	8	施工总承包单位	×××项目经理部
3	建筑面积	60 440m²	9	施工主要分包单位	江苏省建北京公司
4	建设单位	国家体育总局联合宿舍筹建处	10	投资来源	自筹
5	设计单位	北京××工程顾问有限公司	11	合同承包范围	全部工程任务
6	监理单位	北京××工程设计监理有限责任公司	12	合同工期	548d（18个月），施工日期为2001年5月17日~2002年11月8日

表3-14　建筑设计特点

序号	项　目	内　容
1	建筑功能	1号、5号、6号、7号楼为住宅楼，其中1号楼地下一层为人防层，地上一层为半商业用房
2	建筑特点	本建筑为群体建筑，外立面较新颖；建筑占地面积为25798m²，总建筑面积为60440m²，其中1号楼建筑面积为10107m²
3	建筑层数	1号楼地上6层高19.2m，地下2层总高5.6m；标准层层高2.800m；1号楼±0.000处绝对标高为40.550m，基底标高为-6.140m
4	建筑防火	钢制卷帘门分段分区防火，木制防火门局部区域防火
5	保温	外墙采用挤塑聚苯板保温材料，外墙门窗均为塑钢保温门窗
6	内、外装修	屋面为上人屋面，面层为砖；公共走廊、消防楼梯的面层为地砖；厨、卫地面做防水保护层；墙面、顶棚抹灰及涂料；地面留30mm高度进行二次装修；户门为钢制三防门，居室门为木门
7	防水工程	地下室采用聚氯乙烯-橡胶共混卷材；卫生间采用聚氨酯涂膜，厚1.2mm；防水等级为1级

表 3-15 结构设计特点

序号	项 目	内 容
1	水质、水位	地下水水质对基础混凝土无腐蚀性
2	建筑物地基	天然地基
3	结构形式	基础结构形式：筏板基础，底板厚500mm；主体结构形式：框架-剪力墙结构和框支-剪力墙结构体系；屋盖结构形式：现浇钢筋混凝土平面屋盖楼板；工程设防烈度为8度、近震，车库框架抗震等级为二级，其他剪力墙抗震等级为三级
4	防水工程	混凝土自防水，即在底板、外墙、消防水池、外露顶板的混凝土中掺加UEA（6号楼为FS）防水剂形成自防水；柔性防水：在底板下皮及外墙外侧采用聚氯乙烯-橡胶共混卷材地下防水系统（三道设防）
5	混凝土强度等级	该结构混凝土为Ⅱ类，使用C种碱性集料，其碱含量不得超过3kg/m³；基础垫层采用C10混凝土，地下室底板采用C30P8混凝土，地上楼板采用C25混凝土，地上剪力墙采用C30混凝土
6	钢筋类别及连接形式	一级钢：φ6、φ8、φ10、φ18；二级钢：Φ12、Φ14、Φ16、Φ18、Φ20、Φ22、Φ25；基础梁、框架梁主筋（≥Φ20）采用气压焊，竖向柱、暗柱主筋（地下室）采用电渣压焊
7	主要结构构件尺寸	地上外墙厚度为180mm，地上顶板厚度为100mm、150mm；地上内墙厚度为160mm，屋面顶板厚度为120mm；人防层顶板厚度为250mm

拟建建筑物1号楼建筑平面图和流水段平面示意图如图3-13所示。

该施工现场地处北京二环以内，进场道路较窄，大宗设备进场较难，附近居民较多。现场已基本完成"三通一平"，施工用水、用电情况良好。拟建建筑物西侧距离原有建筑只有5m，东侧与原有建筑物有20m的净距，基坑四周特别狭窄，无法形成通畅的能够环行的道路。本工程场地狭小，应充分利用现场场地，现场不宜堆放过多材料。

二、施工准备工作

1）建设单位提供图样后，应及时进行审图，审出的问题在汇总后交由建设单位组织进行设计交底。

2）进行施工现场高程引测与定位工作，工程开工前勘察院已经将建筑物的轴线桩引入施工现场，且已将城市水准点引入现场。

3）进行临时设施、临时用水、临时用电的建设。临时用水包括临时消火栓给水系统、施工生产给水系统及现场临时排水系统。给水系统应在施工现场的各用水点预留施工生产用水取水点。根据工程量及施工工期，现场用水量应按消防用水量进行考虑，干管采用φ100水管，支管采用φ50水管。水管均采用上水铸铁管，其埋深为0.6m。排水系统应设计相应的排水管道，并在大门处设排水沟。

进行现场施工设备用电量的计算，本工地采用TN—S三相五线接零保护以及三级配电两级漏电保护，并采用一箱一漏电的配电模式。所有用电设备、配电箱、灯具的外壳（罩）均必须按要求接保护地线。现场用电线路均不得拖地或明敷设及沿金属敷设，也不得乱拉塑料线。电缆架空敷设和沿墙敷设时均必须采用绝缘物进行固定。

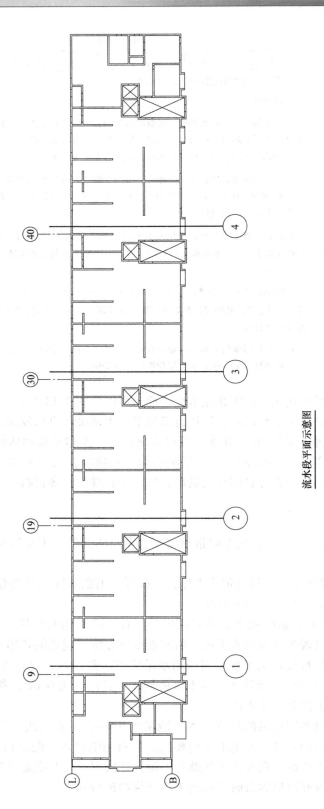

流水段平面示意图

图3-13 流水段平面示意图

根据北京市的环保要求，施工现场临时围墙内的地面全部采用硬地面，并设排水沟。现场临时道路布置为环形，道路布置见现场平面布置图，即图3-14。

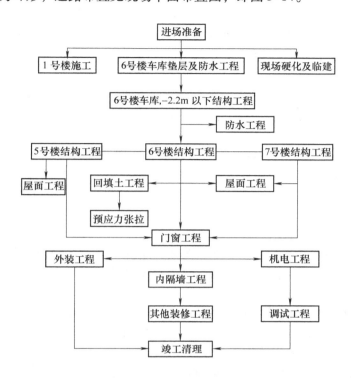

图 3-14 工程施工顺序图

4）组织生产要素进场，包括分包队伍、生产设备、材料等。

5）办理各种开工手续。

三、施工方案

1. 流水段的划分

结构施工时，每层均按单元来组织流水作业。当结构与装修交叉作业时，对整个单元在竖向上分两段作业，结构施工至6层时则开始组织地下室的初装工作。

装修阶段以单元为单位自上而下组织施工，施工流水段见图3-13。

2. 施工程序

结构施工期间，除完成地上主体结构施工以外，应同时进行地下室外防水、部分室外回填、地下室的甩项结构的施工。同时，结构施工进入后期后，还将插入砌筑等初装修工作。结构及装修施工时，各阶段必须遵循先地下后地上、先结构后围护、先主体后装修、先土建后专业的施工规律。总体施工程序见图3-14。

3. 主要分部、分项工程的施工顺序

（1）地下结构的施工顺序　施工顺序为：管井降水→土方开挖、基坑支护→验槽→垫层浇筑→砖胎模砌筑→底板防水卷材施工→防水保护层浇筑→底板钢筋绑扎→底板混凝土浇筑→底板混凝土养护→排架搭设→测量放线→地下二层墙、柱钢筋绑扎→地下二层墙、柱支

模→地下二层墙、柱混凝土浇筑→墙、柱混凝土养护→地下二层顶板、梁支模→地下二层顶板、梁钢筋→地下二层顶板、梁混凝土浇筑→梁、板混凝土养护→测量放线→地下一层墙、柱钢筋绑扎→地下一层墙、柱支模→地下一层墙、柱混凝土浇筑→墙、柱混凝土养护→地下一层顶板、梁支模→地下一层顶板、梁钢筋（预应力钢筋）绑扎→地下一层顶板、梁混凝土浇筑→梁、板混凝土养护→地下室外墙防水→外墙防水保护层→土方回填→预应力张拉。

（2）主体结构的施工顺序　施工顺序为：楼层放线→排架搭设→墙、柱钢筋绑扎→墙、柱支模→墙、柱混凝土→墙、柱混凝土养护→梁、板模板支设→梁、板钢筋绑扎→梁、板混凝土浇筑→梁、板混凝土养护。

（3）保温工程的施工顺序　施工顺序为：基层处理→放样弹线→切割聚苯板→EC—2型粘结剂制备→粘贴聚苯板→抹底层灰→铺贴网布→抹面层灰→外墙饰面。

四、施工进度计划

1. 时间与空间上的时间部署

本工程结构施工定于 2001 年 5 月 17 日开始，2002 年 4 月 30 日封顶。各道工序在安排上要紧密结合。根据总控进度计划的安排，进入现场立塔交接、土方应在 45d 内完成；基础结构施工在开工后 140d（2001 年 10 月 20 日以前）内完成；开工后 290d 实现结构封顶。基坑和基础施工均在雨期，结构施工则在冬期，由于冬雨期的措施投入和施工难度较大，应制定出详细的技术措施。装修施工安排在 2002 年 3 月 1 日开始，装修时间有 7 个月。地下室和 2 ~ 4 层结构验收结束后可提前插入部分初装修。

为了贯彻空间占满、时间连续、均衡协调有节奏、力所能及留有余地的原则，保证工程按照总控计划完成，需要采用主体和二次结构、主体和安装、主体和装修、安装和装修的立体交叉施工。

2. 主要劳动力及施工机械材料计划

按工期要求配置相应的劳动力、材料、机械设备计划，分别见表 3-16、表 3-17、表 3-18。

表 3-16　劳动力计划表　　　　　　　　　（单位：人）

工　种	2001 ~ 2002 年（月份）																		
	5	6	7	8	9	10	11	12	1	2	3	4	5	6	7	8	9	10	11
木工	15	60	240	350	350	300	300	200	40	5	5	10	10	30	30	30	30	30	5
钢筋工	80	100	120	180	180	150	150	150	20	0	0	10	10	0	0	0	0	0	0
混凝土工	40	60	80	100	100	100	100	120	10	0	0	10	10	0	0	0	0	0	0
架子工	30	40	40	40	40	20	10	10	10	0	20	20	40	20	20	20	20	20	2
抹灰工	16	16	16	16	50	50	10	10	0	0	30	40	50	50	50	40	40	40	5
防水工	30	30	30	0	10	40	10	0	0	0	20	40	5	5	5	5	5	5	5
油漆工	0	0	0	0	0	30	30	0	40	40	20	20	60	60	60	60	60	60	10

表3-17 主要材料计划表

序号	名 称	规 格	单 位	数 量	备 注
1	覆膜多层板	18mm	m²	31 476	用于顶板、弧形墙及地下室梁板模板
2	定型大钢模板	80系列	m²	6 000	用于墙模板、电梯井筒内模
3	木材	50mm×100mm	m³	1 000	用于木模板龙骨
4	架料扣件	标准	万个	4	用于脚手架搭设
5	水平安全网	标准	m²	4 000	水平防护网
6	钢脚手板	标准	块	8 950	用于脚手架铺设
7	碗扣式脚手架		t	955	用于梁板支撑
8	φ48钢管		t	310	用于外架、安全防护、操作架、装修
9	编织布		m²	3 000	用于通道防护、遮挡、覆盖
10	密目安全网		m²	18 000	用于外立面脚手架外围护

表3-18 主要机械设备计划表

机 械 名 称	型 号	单 位	数 量	备 注
塔式起重机	F0/23B	台	2	固定式
塔式起重机	H3/36B	台	1	固定式
塔式起重机	256HC	台	1	固定式
装载机	ZL20	台	1	
自卸式翻斗车	20m³/辆	辆	5	
混凝土布料机	R=13m	台	4	
混凝土泵	三一重工	台	5	
空压机	VV—0.6	台	4	
插入式振动器	φ50、φ30	台	40	
龙门提升架	1t	台	5	
钢筋冷挤压连接设备		套	4	
闪光对焊设备		套	1	
塔式起重机	F0/23B	台	2	固定式

五、主要施工方法

1. 大型机械的选择

根据现场实际情况和施工需要，在结构施工阶段设置2台F0/23B塔式起重机、1台H3/36B塔式起重机、1台256HC塔式起重机，以满足建筑物施工材料及模板的垂直和水平运输要求，从而保证施工的顺利进行。混凝土浇筑采用4台柴油拖式地泵进行输送。在装修阶段设置5台龙门提升架，并在现场设置3台砂浆搅拌机负责搅拌砂浆。

2. 测量工程

先根据测绘院给出的基准桩位进行现场控制桩的引测和定位放线。地下结构施工阶段采用经纬仪进行轴线投测，并配合使用水准仪和塔尺将标高传递到基坑内。地上结构施工阶段施工到首层时，应将控制轴线和高程控制点引测到首层楼板上和首层墙体上，轴线的向上引测采用激光准直仪，顶板施工时预留好200mm×200mm的通视洞口，并采用水准仪向上进行标高传递。

3. 钢筋工程

本工程底板钢筋均为双层双向，基础梁钢筋最大规格为Φ25；剪力墙钢筋为双排双向，两层钢筋之间设置ϕ6拉筋，钢筋最大规格为Φ20；暗柱和连梁主筋最大规格为Φ25；地下车库框架梁钢筋最大规格为Φ25。

钢筋进场时，现场材料员要检验钢筋的出厂合格证、炉号和批量，还要有相应资料，并在规定时间内将有关资料归档。钢筋进场后，现场试验室应根据规范要求立即做钢筋的复检工作。钢筋复检合格后，方能批准使用。

现场设置1台钢筋调直机、1台钢筋切断机、2台钢筋弯曲机对钢筋进行加工。

结构中所有规格大于200mm×200mm的洞口，在配筋时应按照洞口配筋原则全部留置出来，不允许出现以后现场割筋留洞的现象。

钢筋要堆放在现场指定的场地内，钢筋堆放时要挂牌进行标识，标识时还要注明其使用部位、规格、数量、尺寸等内容，钢筋标识牌要统一。钢筋要分类进行堆放，如直条钢筋堆放在一起，箍筋堆放在一起。钢筋下面一定要垫木架空，以防止钢筋浸在水中而生锈或被油污污染。生锈的钢筋一定要在除锈后经现场钢筋责任工程师批准后再使用。

4. 模板工程

考虑结构形式及施工缝的留设，地上部分1号楼分别配置1套D户型、3套C户型的大模板，地下部分1号楼采用木模板，底板周边模板采用砖胎模。地下竖向模板因考虑结构变化较多，故采用12mm厚的竹胶板进行现场硬拼拼装。地上部分为全现浇剪力墙结构，其内外墙模板全部采用大钢模板，楼板模板采用由12mm厚的釉面竹胶板和木方拼装成的木模板。

模板拼缝及模板下口处采用海绵条进行塞缝，以保证不漏浆。夏季的模采用乳化油性脱模剂，脱模剂使用前必须经项目技术负责人认可。墙体中留设的门窗洞口应方正、无扭曲变形。采用角钢（∟75×50×6）夹具以形成门窗洞口模板。为保证窗下墙的混凝土质量，在墙一侧的模板上预留振捣洞，并在木模板底边的木板上钻透气孔，以便排出振捣时产生的气泡。

5. 混凝土工程

1）本工程结构采用预拌混凝土。场外混凝土由专用混凝土罐车运送，混凝土浇筑必须连续进行，浇筑时根据路途情况安排车辆。现场水平、垂直供料采用混凝土泵输送混凝土，作业面则采用布料杆输送混凝土。布管时将管弯折处设于与地泵距离较近处，以保持泵管的直线行进。

2）地下部分施工缝分别留于底板以上500mm处，其他各层水平施工缝留置在楼板的下底面处和上表面处；竖向施工缝留置在门洞口过梁跨中的1/3范围内或留置在纵横墙的交接处。板施工缝留置在跨中的1/3范围内。施工缝处已浇混凝土的强度必须达到1.2N/m²，并且必须将此处的浮浆和松散混凝土剔掉，露出石子。

3）在浇筑混凝土时，应控制混凝土的均匀性和密实性，当混凝土拌合物运到浇筑地点后应立即浇筑入模。混凝土的浇筑温度不宜超过35℃，浇筑时间间隔不得超过2h。在接缝处混凝土应仔细振捣，以求密实，待 1～2h 后再进行抹压收光，以防裂缝出现。在基础底板混凝土初凝前对混凝土进行第二次振捣，其目的是使混凝土内部结构更加密实，大大减少混凝土表面的裂缝，同时可提高混凝土的强度。

4）混凝土终凝后应立即进行养护。普通混凝土养护时间不得少于 7d，抗渗混凝土养护时间不得少于 14d，同时要加以覆盖。水平构件混凝土必须设专人不间断地进行洒水养护，保证构件湿润；竖向构件混凝土应待模板拆除后及时涂刷指定的养护剂进行养护，涂刷时表面必须均匀。

6. 外架工程

结构施工时，外架采用规格为 $\phi48 \times 3.5$ 的钢管扣件搭设双排脚手架，并用密目安全网防护；地下一层模板先不拆除，待预应力完成后再拆除；装修采用活动式脚手架。三层以下外架搭设时采用挑架，待回填土完成后落地处改为双排脚手架，阳台处外架为局部挑架。

7. 隔墙工程

隔墙板安装时先在楼面上放线定位，立板时板下留宽为 20～30mm 的缝隙，并用小木楔对楔背紧；然后在板与板之间留宽为 10mm 的缝隙，挂线靠平后，用钢筋头与板两侧的埋件焊接固定，板间缝采用膨胀水泥砂浆填实刮平，板下缝隙采用 C20 细石混凝土塞填密实。

隔墙板顶端与梁、板主体结构连接，即在两块条板上端拼缝处设 U 形钢板卡与主体连接，条板顶端缝采用膨胀水泥砂浆塞实。电气管线副管穿线利用加大板缝的方法，并用 Ⅱ 型水泥粘结剂固定开关插座。在条板墙面板缝、转角和门窗框边缝处用 Ⅰ 型水泥粘结剂粘贴玻纤布条，然后将光面陶粒隔墙板用石膏腻子刮平，两遍成活；将麻面陶粒隔墙板用 10mm 厚的 1:3 水泥砂浆找平压光。

8. 保温工程

（1）基层清理　基层应干净坚固，其平整度、垂直度达到中级抹灰要求。

（2）放样弹线与聚苯板切割　根据设计要求在墙面上弹线排板，排板时上下行板应错缝搭接。

（3）粘贴聚苯板

1）将粘结剂胶料和粉料按质量比 1:3.8～1:4.0 拌和均匀，拌好的物料要求在 1h 内用完。

2）采用满粘法，在板面上抹 5～6mm 厚的粘结剂，然后用刷型刮板将其刮成凹凸状。板的侧面不抹粘结剂，而是直接挤紧，其对头缝空隙采用聚氨酯泡沫塑料填平，所有聚苯板的平面应磨平。聚苯板上墙后要用力揉动压紧，使粘结剂的最终厚度为 2～3mm，从而与主墙接触紧密，板不得有悬空现象，并随时用 2m 靠尺检查其平整度，粘贴后 1h 内不得碰动。

3）纤维增强层施工：聚苯板粘贴上墙 24h 后，在聚苯板上均匀抹 1～2mm 的 EC 聚合物砂浆，立即横铺玻纤布（事先裁开卷好待用），其搭接宽度不小于 50mm，且要求网格布无褶皱、翘边及脱开现象。在变形缝处包底断开；在墙顶、阳角及首层应加一层附加网格布。在网格布表面干燥后即可抹第二层 EC 聚合物砂浆，并用抹刀赶光压实，砂浆最终厚度为 3～4mm。

9. 涂料工程

外墙局部采用水泥聚合物砂浆修整找平，外墙涂料施工步骤及方法如下所述：

1）外墙喷涂施工前，外墙抹灰修补应全部完成并经检查合格，基层含水率应小于10%，同时调整好该施工范围内的吊篮，使之不影响喷涂的进行，并做好门窗的保护遮挡。

2）喷涂前，应检查好所用机械设备是否完好，检查应自上而下进行。喷涂时，喷枪嘴应垂直于墙面并距离 30～50cm，喷枪压力保持在 0.6MPa 左右，喷涂分三遍进行，做到灰浆均匀、不流坠、色泽一致，总厚度控制在 2～3mm。同时应特别注意在门窗洞周边交界处喷涂要均匀。

3）喷涂完成后吊篮下行时，要密切注意保护墙面，不得碰撞破坏墙面。喷涂完成后，严禁从外窗口、门洞向室外倒垃圾等其他材料，防止碰伤和污染墙面。

10. 屋面工程

保温层的铺贴要保证其表面的平整和接缝的严实，且基层应平整、干净、干燥。铺贴保温板时，应从一侧向另一侧进行，且应紧靠基层表面铺平、垫稳。保温板不应缺棱掉角，铺设时遇有缺棱掉角、破碎不齐的应锯平拼接使用。

焦砟找坡层要按要求及按提前在墙面上放好的坡度线进行施工，严格控制配比，振捣密实，表面压光。防水找平层在防水层施工前，一定要检验其表面的平整度及质量情况，并检查有无起砂、空鼓、油渍等，如发现则必须进行处理，合格后再做防水层。另外找平层按 3～6m 间距设置分隔缝，以满足伸缩的要求。

屋面瓦采用轻钢龙骨挂瓦体系，龙骨安装前必须调直并涂刷防锈漆。

六、主要施工管理措施

1. 质量保证措施

1）制定四个工序过程管理（样板、标识、验收、交接管理）和五项质量过程控制措施（样板制度、挂牌制度、过程检查制度、会诊及奖罚制度、成品保护制度）。

2）制定采购物资质量保证措施，采购物资时必须在确定合格的分供方厂家或信誉好的商店采购，且所采购的材料或设备必须有出厂合格证、材质证明和使用说明书。对材料、设备有疑问的应禁止进货。完善物资进场封样、标识、验证管理工作；落实材料样板管理、样品封样管理、材料进场质量验证管理、材料仓储及标识管理工作。

3）加强成品保护，并设专人负责成品保护工作。

2. 安全保证措施

1）建立安全技术交底制度，根据安全措施要求和现场实际情况，各级管理人员需亲自逐级进行书面交底；实行班前检查制，专业责任工程师和区域责任工程师必须督促和检查施工方、专业协作方对安全防护措施是否进行了检查。

2）外爬架、外挂架、大中型机械设备安装实行验收制度，凡不经验收的一律不得投入使用。每周要组织一次安全生产检查，对查出的安全隐患必须制定措施，定时间、定人员整改，并作好安全隐患整改消项记录。

3）实行安全生产奖罚制度和事故报告与危急情况停工制度，一旦出现危及职工生命安全的险情，必须立即停工，同时立即报告项目部，及时采取措施排除险情。

4）新工人进场要在安全教育的同时进行防火教育，重点工作设消防保卫人员，施工现场值勤人员昼夜值班，搞好"四防"工作。

3. 文明施工管理措施

1）现场排污管理。现场内污水经过必要的处理后才能排入污水井；雨水、基坑内积水由建筑物四周向坑边做排水坡进行排水，相应地还应在基坑内四周做明沟。

2）现场施工垃圾清理。设立专门的垃圾通道；派专人进行现场洒水，防止灰尘飞扬，使周边空气保持清洁；每层的施工垃圾集中堆放，结构施工期间可利用机电竖向风道直接将垃圾倒至首层后再外运；每层的水平风道口利用多层板封堵；施工现场垃圾按指定的地点集中收集，并及时运出现场，时刻保持现场的文明施工。

3）现场环境保护。合理安排作业时间，在夜间避免进行噪声（＜45dB）较大的工作，尽量压缩夜间混凝土浇筑的时间；夜间灯光应集中照射，避免灯光扰民。

混凝土振捣时采用德国进口的低噪声振捣棒，振捣时不得直接振捣在钢筋上。在地泵的周围搭设棚子，罐车在等候进场时必须熄火，以减少噪声扰民。混凝土罐车撤离现场前，应派专人用水将下料斗及车身冲洗干净；派专人进行现场洒水，防止灰尘飞扬，便周边空气保持清洁。罐车、泵车和泵管清洗时，污水要定向排放，并导引至污水沟。建立二级沉淀池，保证现场和周围环境的整洁文明。

对主体工程，采用在操作层防护高度至下层挂隔声帘的隔声措施，且外侧采用密目网围挡。混凝土浇筑时采用低噪声振捣设备，高噪声设备实行定时作业，并将混凝土施工等噪声较大的工序安排在白天进行，在夜间避免进行噪声较大的工作。夜间晚22：00以后应停止一切施工，并进行封闭式隔声处理。

采用碗扣式早拆支撑体系，以减少因拆装扣件引发的高噪声。扣件、架料、钢筋等材料进出场要采用吊装设备成捆吊装，严禁抛掷。钢筋绑扎、模板支拆等工序操作中，材料要轻拿轻放，严禁野蛮施工。

4. 季节性施工措施

（1）冬期施工措施　冬期施工前，应认真组织有关人员分析冬施生产计划，根据冬施项目编制冬期施工措施，所需材料要在冬施前准备好。做好施工人员的冬施培训工作，组织相关人员进行一次对施工现场过冬准备工作的全面检查，包括临时设施、机械设备及保温等准备工作。

大型机械要做好冬期施工所需油料的储备和工程机械润滑油的更换补充以及其他检修保养工作，以便它们在冬施期间运转正常。

冬施中要加强天气预报工作，防止寒流突然袭击，合理安排每日的工作，同时加强防寒、保温、防火、防煤气中毒等工作。现场临时管道均采取保温处理，以防冻裂。提前准备冬施所需材料，以防寒流突然袭击。

（2）雨期施工措施

1）雨期施工前，要认真组织有关人员分析雨期施工生产的难点，根据雨期施工项目编制雨期施工措施，所需材料要在雨期施工前准备好。

2）成立防汛领导小组，制定防汛计划和紧急预案措施，考虑范围应包括现场和周边居民小区。

3）夜间设专职的值班人员，保证昼夜有人值班并做好值班记录。同时，设天气预报员负责收听和发布天气情况。不定期走访居民和居委会，协助他们解决困难。

4）做好施工人员的雨期施工培训工作，组织相关人员进行一次施工现场准备工作的全面检查，包括临时设施、临电、机械设备等准备工作。

5）检查施工现场及生产生活基地的排水设施，疏通各种排水渠道，清理雨水排水口，保证雨天排水通畅。

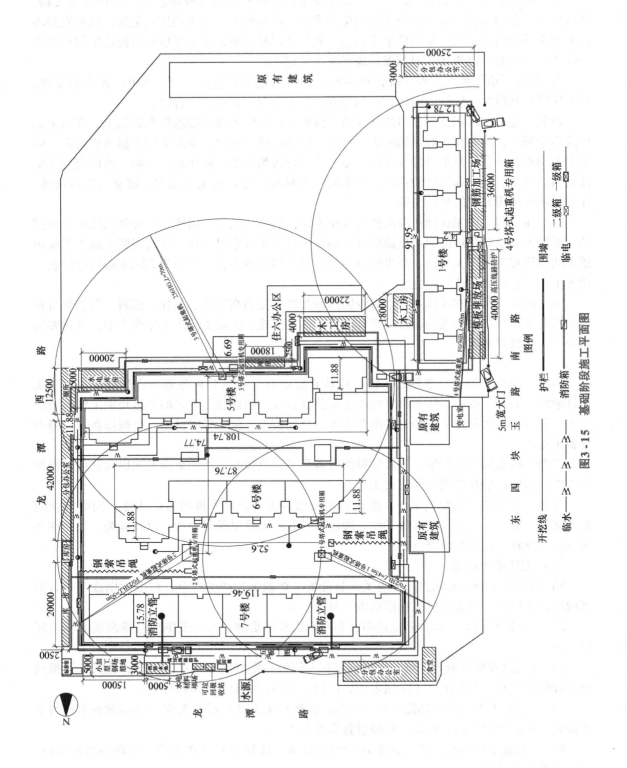

图3-15 基础阶段施工平面图

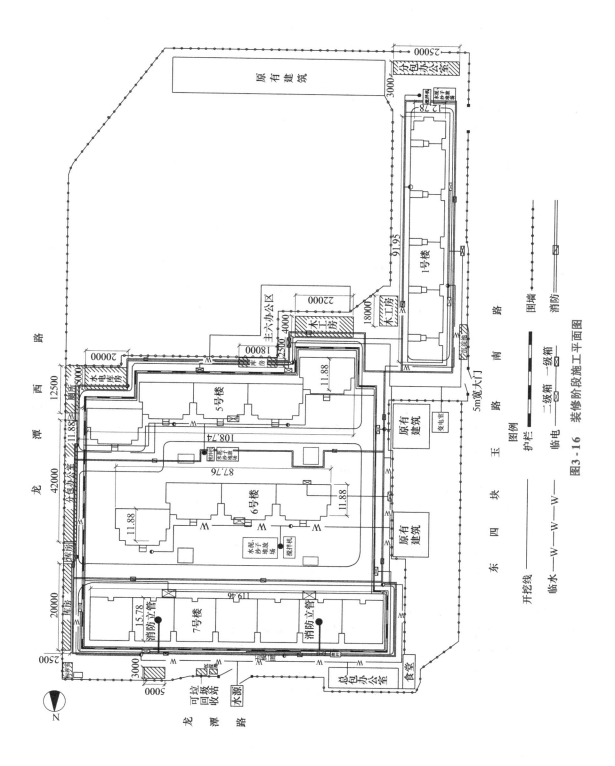

图3-16 装修阶段施工平面图

133

6）现场道路两旁设排水沟，保证道路不滑、不陷、不积水。清理现场障碍物，保持现场道路畅通。道路两旁一定范围内不准堆放物品，除此之外，在行车视野范围内堆放物品高度不超过1.5m，以保证视野开阔、道路畅通。

7）检查塔式起重机和外用电梯的基础是否牢固。

8）对施工现场的工棚、仓库、食堂等暂设工程，各分管单位要在雨期前进行全面检查和整修，保证基础、道路不塌陷，房间不漏雨，场区不积水。

9）在雨期到来前做好各高耸塔式起重机和外挂架的防雷装置。安全监督部门在雨期前，同时对避雷装置作一次全面检查，以确保防雷。

10）距基坑边2m的位置设置400mm×240mm（宽×高）的砖砌挡水埝。

七、现场施工平面图

因场地较小，故施工现场阶段布置要满足阶段施工的要求。合理组织运输，保证现场运输道路畅通，运输道路尽量利用永久道路路基作为施工道路。施工材料应尽量堆放在垂直运输机械范围内，以减少材料的二次搬运。各项施工设施的布置都要满足方便生产和有利于安全生产、环境保护和劳动保护的要求。根据施工现场平面布置原则，此工程分三个阶段进行现场平面布置与调整。现场施工平面图见图3-15（基础阶段施工平面图）、图3-16（装修阶段施工平面图）。

单元小结

施工组织设计是以单个建筑物为编制对象，用以指导工程投标、签订承包合同、施工准备和施工全过程的技术经济文件，其主要内容有工程概况、施工方案、施工进度计划、施工平面图、主要技术组织措施与经济指标。

工程概况主要包括工程特点、地点特征和施工条件。

施工方案是施工组织设计的核心，它在对工程概况和施工特点分析的基础上，确定单位工程的施工程序和顺序、施工起点和流向、主要分部分项工程的施工方法和选择施工机械等。

工程的施工程序是指工程中各分部工程和施工阶段的先后次序及其制约关系。确定施工程序时，应遵循先地下后地上、先主体后围护、先结构后装饰、先土建后设备和最后进行交工验收的原则。

工程的施工起点和流向是指工程在平面上和竖向上施工开始的部位及开展的方向。确定单位工程的施工起点和流向时，一般应考虑各部分施工内容的繁简程度、用户的使用要求、生产工艺流程及先后投产顺序、选择的施工机械、施工组织的要求等因素。

施工顺序是指分部分项工程或施工过程之间施工的先后次序。确定施工顺序时，要满足遵循施工程序、符合施工工艺、与施工方法和施工机械相协调、施工质量、施工安全、气候条件等要求。

选择施工方法，首先应着重考虑影响整个单位工程的分部分项工程，并且其技术上的先进性和经济上的合理性要相统一，还要考虑施工技术上的要求。

施工机械的选择是施工方法选择的中心环节。选择施工机械时首先应选择适宜主导工程的施工机械，并考虑辅助机械或运输工具与主导机械的生产能力的协调性以及施工机械的适用性和多样性。

施工进度计划根据施工项目划分的粗细程度，可分为控制性和指导性进度计划两类；施工进度计划通常用图表形式来表达，有横道图和网络图两种形式。

初步编制的施工进度计划要进行全面的检查，先检查各个施工过程的施工顺序、平行搭接及技术间歇是否合理；然后检查编制的工期能否满足合同规定的工期要求；再检查劳动力及物资方面是否能均衡；最后进行调整直至满足要求，编制出正式的施工进度计划。

当正式的施工进度计划编制后，应着手编制施工准备计划和劳动力需要量计划、主要材料需要量计划、构件和半成品需要量计划、施工机械需要量计划等各项资源需要量计划。

施工平面图设计时，要布置紧凑，占地要省，不占或少占农田；尽量降低运输费用，保证运输方便，减少二次搬运；在保证工程顺利进行的前提下，力争减少临时设施的工程量，降低临时设施费用；要满足安全、消防、环境保护和劳动保护的要求，符合国家有关规定和法规；要便于工人生产与生活。

在施工现场布置运输道路时，应尽量使道路布置成环形；施工现场临时供水管网的布置形式有环形、枝形、混合式；现场临时用电线路的布置形式有枝状、网状。

技术组织措施主要包括工程质量保证措施、施工安全保证措施、降低成本保证措施、现场文明施工保证措施等。

复习思考题

3-1 工程施工组织设计包括哪些内容？其中工程概况包括哪些内容？

3-2 施工方案设计包括哪几个方面的内容？

3-3 什么是工程的施工程序？确定施工程序时应遵循哪些原则？

3-4 什么是工程的施工起点和流向？确定施工流向时应主要考虑哪些因素？室内装饰工程有哪几种施工流向？

3-5 确定施工顺序的基本要求有哪些？

3-6 简述砖混结构住宅、多层现浇钢筋混凝土框架结构、单层工业厂房的施工顺序。

3-7 选择施工方法应遵守哪些原则？

3-8 选择施工机械应主要考虑哪些因素？

3-9 工程施工进度计划的编制依据有哪些？施工进度计划可分为哪两类？

3-10 施工进度计划的编制程序是什么？如何检查和调整施工进度计划？

3-11 工程资源需要量计划包括哪些内容？

3-12 工程施工平面图的设计原则是什么？施工平面图包括哪些内容？其设计步骤是什么？

3-13 试述塔式起重机的布置要求。

3-14 什么是塔式起重机的服务范围？什么是死角？

3-15 现场临时道路布置的要求有哪些？

3-16　现场布置搅拌站时需要注意哪些问题？

3-17　现场构件及材料堆场、仓库的布置需要注意哪些问题？

3-18　临时供水、供电布置有哪些要求？

3-19　工程技术组织措施包括哪些内容？主要技术经济指标有哪些？

单元 4

计算机在施工组织设计中的应用

施工组织设计 第2版

单元概述

本单元介绍了项目管理软件的有关知识及其应用。

学习目标

了解项目管理软件 Project，能应用 Project 软件编制一般工程的进度计划安排。

课题1 施工组织设计软件的介绍

随着我国建筑业的发展，计算机在建筑工程施工中的应用越来越广泛，尤其是施工组织设计等方面的应用就更多了。一般，我们把这一类软件统称为项目管理软件。它们可以用于各种建筑施工活动，提供便于操作的图形界面，帮助用户制订任务、管理资源、进行成本预算、跟踪项目进度等。

自 20 世纪 80 年代我国就开始使用项目管理软件。到 20 世纪 90 年代，国内的项目管理人员才开始理解国外软件的思路，并引进国际先进的管理软件。目前国内使用的项目管理软件主要用于以下工作：编制进度计划；通过进度和资源结合使用，分析资源强度和资源的使用安排是否满足要求；按照现场施工的情况来编制进度和资源计划等。

随着计算机技术的飞速发展和应用范围的不断扩展，国内外大量各种版本和应用范围各异的项目管理软件也如雨后春笋般地被开发出来，有通用型也有专业型，适合不同的硬件环境和软件环境。

一、项目管理软件具备的功能

目前，市场上大约有近百种项目管理软件工具。这些软件各具特色，各有所长。这里首先介绍大多数项目管理软件具备的主要功能。

（1）制订计划、资源管理及排定任务日程　用户对每项任务排定起始日期、预计工期、明确各任务的先后顺序以及可使用的资源。软件根据任务信息和资源信息排定项目日程，并随任务和资源的修改而调整日程。

（2）成本预算和控制　通过输入任务、工期，并把资源的使用成本、所用材料的造价、人工工资单价等一次性分配到各任务包，即可得到该项目的完整成本预算。在项目实施过程中，可随时对单个资源或整个项目的实际成本及预算成本进行分析、比较。

（3）监督和跟踪项目　大多数软件都可以跟踪多种活动，如任务的完成情况、费用、消耗的资源、工作分配等。通常的做法是用户定义一个基准计划，在实际执行过程中，根据输入当前资源的使用状况或工程的完成情况，自动产生多种报表和图表，如资源使用状况表、任务分配状况表、进度图表等。还可以对自定义时间段进行跟踪。

（4）报表生成　与人工相比，项目管理软件的一个突出功能是能在许多数据资料的基础上，快速、简便地生成多种报表和图表，如甘特图、网络图、资源图表、日历等。

（5）方便的资料交换手段　许多项目管理软件允许用户从其他应用程序中获取资料。

一些项目管理软件还可以通过电子邮件发送项目信息，项目人员通过电子邮件获取信息，如最新的项目计划、当前任务完成情况以及各种工作报表。

（6）处理多个项目和子项目　有些项目很大而且很复杂，将其作为一个大文件进行浏览和操作可能难度很大。而将其分解成子项目后，可以分别查看每个子项目，更便于管理。另外，建筑施工项目经理或成员有可能同时参加多个项目的工作，需要在多个项目中分配工作时间。通常，项目管理软件将不同的项目存放在不同的文件中，这些文件相互连接。也可以用一个大文件存储多个项目，便于组织、查看和使用相关数据。

（7）排序和筛选　大多数项目管理软件都提供排序和筛选功能。通过排序，用户可以按所需顺序浏览信息，如按字母顺序显示任务和资源信息。通过筛选，用户可以指定需要显示的信息，而将其他信息隐藏起来。

（8）模拟分析　"假设分析"是项目管理软件提供的一个非常实用的功能，用户可以利用该功能探讨各种情况的结果。例如，假设某任务延长一周，则系统就能计算出该延时对整个项目的影响。这样，建筑施工项目经理可以根据各种情况的不同结果进行优化，更好地控制项目的发展。

二、常用的项目管理软件

1. Microsoft Project

1990 年，微软公司借助其推出 Windows 3.0 操作环境的优势，首家开发出运行于 Windows 环境的项目管理软件，即 Microsoft Project V1.0 for Windows。该软件的推出，开创了项目管理软件发展的新纪元，它具有比 DOS 版软件图表美观、自定义图表格式、操作方便、多窗口等方面的明显优势，加之 1990 年下半年 Windows 3.0 风靡美国和欧洲，使该软件迅速占领了美国等西方国家项目管理软件的市场，使得其他优秀项目管理软件公司纷纷仿效，随其之后开发、推出运行于 Windows 环境下的项目管理软件。微软公司为保持优势，于 1992 年 2 月又推出 Project 3.0 for Windows，它功能更强大、操作更方便、图表更美观，拥有强大的成本统计和多资源优化功能，以及更多、更方便的自定义格式图表等。随后，又陆续推出了 Project 4.0 和 Project 98、Microsoft Project 2000、Microsoft Project 2002 等，直至目前最新版的 Microsoft Project 2016。

Microsoft Project 是微软公司开发的项目管理系统，它是应用最普遍的项目管理软件之一。它运用项目管理原理，建立了一套控制项目的时间、资源和成本的系统。一套能够实现工程项目上进度管理及资源监控的项目软件一直是工程人员的目标。Microsoft Project 是适合目前国内工程项目现状及项目管理人员习惯的项目管理（网络计划）软件，是工程项目管理人员的好帮手。

Microsoft Project 系统功能强大，界面易懂，图形直观，具体表现在以下方面：

（1）项目范围管理　利用 Microsoft Project 的项目分解功能，可以方便地对项目进行分解，并可以在任何层次上进行信息的汇总。

（2）项目进度管理　Microsoft Project 提供了多种进度计划管理的方法，如甘特图、日历图、网络图等，利用这些方法，用户可以方便地在分解的工作任务之间建立相关性，使用关键路径法计算任务和项目的开始、完成时间，自动生成关键路径，方便用户对项目进行更有效的管理。

（3）项目资源管理 在资源费用管理中，Microsoft Project 采用了自下而上的估算技术，并结合其他技术，使费用的估算更为准确。

在人力资源管理中，Microsoft Project 提供了资源平衡、责任矩阵、资源需求直方图等技术，力求对资源进行更合理的分配，同时统计资源的工作量、成本、工时信息等参数。

（4）信息沟通管理 Microsoft Project 使用丰富的视图、报表，为项目中不同类别的人员提供了所需的信息。项目管理者还可以利用电子邮件和 Project Central 直接分配任务，更新任务信息，跟踪控制任务完成情况。

（5）项目综合管理 Microsoft Project 包含了项目管理中多方面重要的技术和方法，可以对整个项目的计划、进度、资源进行综合管理和协调，改善项目管理的过程，提高管理水平，最终实现项目的目标。

综合上述，Microsoft Project 包含了项目管理多方面的技术和方法。作为一款通用的项目管理软件，它适用于国民经济的各个领域。包括石油、铁路、公路、航空航天、水利、市政、民用建筑及科学研究等各个领域。施工企业可以使用它编制施工计划，建设单位可以使用它安排项目投资分配和进度控制，项目监理机构可以使用它进行进度控制。

2. Primavera Project Planner（简称 P3）

P3 工程项目管理软件是美国 Primavera 公司的产品，是国际上最为流行的项目管理软件之一，已成为项目管理软件标准。美国 Primavera 公司成立于 1983 年，是专门从事项目管理软件开发与服务的公司。该公司成立伊始，便推出了 P3。

P3 是世界上顶级的项目管理软件，其精髓是广义网络计划技术与目标管理的有机结合，P3 代表了现代项目管理方法和计算机最新技术，它也是全球用户最多的项目进度控制软件之一，市场份额非常高。该软件适用于任何工程类项目，尤其对大型复杂项目和多项目并行管理，更能发挥其独特的优越性。

P3 在中国设立分公司，将 P3 汉化后在中国销售使用。目前国内绝大部分大型工程都在使用 P3，如三峡工程、京沪高速公路、上海通用汽车厂等大型工厂、广州地铁、深圳地铁等工程都在使用 P3。

P3 工程项目管理软件的主要功能有：

1）在多用户环境中管理多个项目。P3 可以有效管理这样的项目：项目团队遍布全球各地，多学科团队，高度密集、期限短的项目，共享有限资源的公司关键项目。它也可以通过多用户来支持项目文档安全模拟，这意味着要不断更新信息。

2）有效地控制大而复杂的项目。P3 用于处理大型规模、复杂的、多面性的项目。为了使数千个活动按进度执行，P3 提供了无数的资源和无数的目标计划。

3）平衡资源。可以对实际资源消耗曲线及工程延期情况进行模拟。

4）利用网络进行信息交换。可以使各个部门之间进行局部或 Internet 网络的信息交换，便于用户了解项目进展。

5）资源共享。可以同 ODBC、Windows 进行数据交换，这样可以支持数据采集、存储和风险分析。

6）自动调整。P3 处理单个项目的最大工序数达到 10 万道，资源数不受限制，每道工序上可使用的资源数也不受限制。P3 可以自动解决资源不足的问题。

7）优化目标。P3 还可以对计划进行优化，并作为目标进行保存，随时可以调出来与当前的进度和资源使用情况进行比较，这样可以清楚了解哪些作业超前、滞后，或按计划进行。

8）工作分解功能。P3 可以根据项目的工作分解结构进行分解，也可以将组织机构逐级分解，形成最基层的组织单元，并将每一工作单元落实到相应的组织单元去完成。

9）对工作进行处理。P3 可以根据工程的属性对工作进行筛选、分组、排序和汇总。

10）数据接口功能。P3 可以输出传统的 dbase 数据库、Lotus 文件和 ASCII 文件，也可以接收 dbase、Lotus 格式的数据，还可以通过 ODBC 与 Windows 程序进行数据交换。

3. 梦龙智能项目管理软件

梦龙智能项目管理软件是梦龙科技（集团）开发的软件，它由"快速投标""项目管理控制"和"企事业办公管理"三大系统组成。具有以下特点：

1）高级的安全机制。

2）对数据进行加密传输，绝对安全可靠。

3）采用高效的压缩算法，实现高速的数据传输。

4）提供 Server 运行方式，软件管理系统可在服务器后台运行。

5）含先进的软件管理单元，可以对各种应用软件进行有机管理。

6）具有良好的开放性，允许用户在它的基础上进行二次开发。

7）可实现多级多层链接与分布管理，适用于大、中、小不同类型的企业。

8）系统内所有的单元都采用了梦龙公司的自防病毒技术，保证网络安全。

9）用物理链接层、软件通信层与应用层构成先进的三层软件体系结构。

另外，梦龙公司还有以下软件：标书快速制作与管理、工程概预算、投标文档管理、智能网络计划编制、施工平面图快速制作、企业形象多媒体制作、智能项目管理动态控制、机具设备管理、材料管理系统、安全管理系统、施工项目投资控制系统、合同管理与动态控制、图样管理系统、综合信息系统、文档管理、合同管理、即时信息服务、财务管理、人力资源管理、工作管理等多种管理软件。梦龙智能项目管理系统，已经应用在亚运会工程、世界最大的水电项目——三峡工程、50 周年的国庆阅兵等许多重点项目中。

4. 智能项目管理软件

智能项目管理软件是清华斯维尔软件科技有限公司在认真分析研究国内建设行业项目管理的历史和现状的基础上研制开发的项目管理软件。目前的最高版本为 6.0。该系统将网络计划技术、网络优化技术应用于建设工程项目的进度管理中，以国内建设行业普遍采用的双代号时标网络图作为项目进度管理及控制的主要工具。在此基础上，通过联接建设行业各地区的不同种类的定额库与工料机数据库，实现对资源与成本的精确计算、分析与控制，使用户不仅能从宏观上控制工期与成本，而且还能从微观上协调人力、设备与材料的具体使用，并以此作为调整与优化进度计划，实现利润最大化的依据。

该软件具有的主要特点如下：

1）软件设计符合国内项目管理的行业特点与操作惯例，严格遵循《工程网络计划技术规程》（JGJ/T 121—2015）的行业规范，以及网络计划技术的三个国家标准，将计算机信息技术在网络计划的全过程中进行应用。

2）操作流程符合项目管理的国际标准流程，首先通过项目的范围管理，在横道图界面中建立任务大纲结构，从而实现项目计划的分级控制与管理。在此基础上分析并定义工作间的逻辑关系，并通过定额库、工料机数据库等进行项目资源的合理分配，最终完成项目网络模型的构筑。系统将实时计算项目的各类网络时间参数，并对项目资源、成本进行精确分析，以此作为网络计划优化与项目追踪管理的依据。

3）除支持常规的标准横道图建模方式外，为方便用户操作也提供了双代号网络图、单代号网络图等多种建模方式，同时能够模拟工程技术人员手绘网络图的过程，提供拟人化智能操作方式，实现快速、高效绘制网络图的功能。

4）支持搭接网络计划技术，工作任务间的逻辑关系可以有多种：完成—开始关系、完成—完成关系、开始—开始关系、开始—完成关系，同时可以处理工作任务的延迟、搭接等情况，从而全面反映工程现场实际工作的特性。

5）图表类型丰富实用、制造快速精美，满足工程项目投标与施工控制的各类需求。用户可以任选图形或表格界面录入项目的各类任务信息数据，系统自动生成施工横道图、单代号网络图、双代号时标网络图、资源管理曲线等各类工程项目管理图表，输出图表美观、规范，能够满足建设企业工程投标的各类需求，增强企业投标竞争实力。

6）兼容 Microsoft Project 项目管理软件，可快捷、安全地从 Microsoft Project 中导入项目数据，可迅速生成国内普遍采用的进度控制管理图表——双代号时标网络图，并可完成工程项目套用工程定额库等操作，实现对工程项目资源、成本的精确计算、分析与控制等功能，使其更能满足建设行业项目管理的实际需求，从而实现国际项目管理软件的本地化与专业化功能。

7）满足单机、网络用户的项目管理需求，适应大、中、小型施工企业的实际应用。系统既可支持单机用户的使用，又可充分利用企业的局域网资源，实现企业多部门、多用户协同工作。

另外，该软件还包括新建工程项目系统数据库、横道图、网络图、资源管理、进度追踪与管理、报表功能、模板功能等，还有大量项目管理案例分析，比如工程设计项目、多层商业楼建筑工程、高速公路工程项目、特殊事件项目案例、环线快速公路工程项目、小区施工项目案例、高层建筑工程案例等案例分析。

课题2　施工组织设计软件的应用

利用 Microsoft Project 制定建筑工程项目的施工组织计划是该软件的基本功能，整个编制过程一般可以分为以下 15 个步骤。

一、设定用户格式与操作环境

这一步只要做一次就可以了。所有设置一旦选定，它就一直有效，除非再次对之做出修改。虽然软件给出的默认值是根据美国项目管理环境确定的，但其中大部分能满足要求。

可以选菜单行中的"工具",然后再选"选项"来设定所需要的格式和操作环境。如图4-1所示,在"选项"对话框中有11个选项卡,需要选用其中某个选项卡时单击它即可。可能要改变的两个常用参数是:"视图"和"日历"。如果希望保存这些设置,则可选择"设为默认值"。

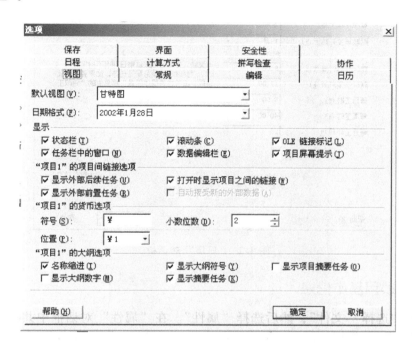

图4-1 "工具"之"选项"对话框

1. 视图的设定

默认的进度计划是甘特图(又称横道图)。日期格式应尽量简短,以便减少打印空间、改善图面效果。

选菜单行中的"工具",然后再选"选项",在"视图"选项卡中选定默认的进度计划为"甘特图",日期格式尽量简短。

2. 日历的设定

一般情况下,每周从星期日开始。财政年度一般从每年的1月开始。默认每天的工时是8小时,每周40工时,每月20个工作日。默认每周5个工作日,这个默认值可以在工具菜单中加以修改。在菜单行中选择"工具",然后选择"更改工作时间",可以将某一个默认的休息日改为工作日,也可以将所有的默认的休息日改为工作日,如图4-2所示。

如果要更改日历中一周的某天的工作时间(例如,要求星期四在3:00结束),请单击日历上方该天的日期缩写。

如果要改变所有工作日(例如,如果工作日从8:00开始),请单击第一天上方的日期缩写,然后按<Shift>键并单击最后一天上方的日期缩写。

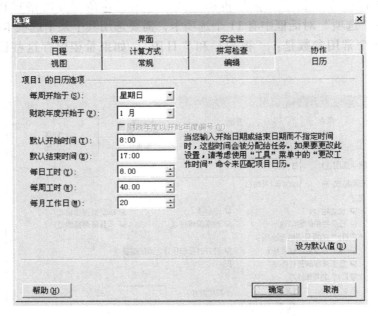

图4-2 "日历"对话框

二、设置项目基本信息

在菜单行中选择"文件",然后选择"属性"。在"属性"对话框中共有五个选项卡,选中"摘要"。在"摘要"中可以输入标题、主题、作者、经理、单位等,如图4-3所示。

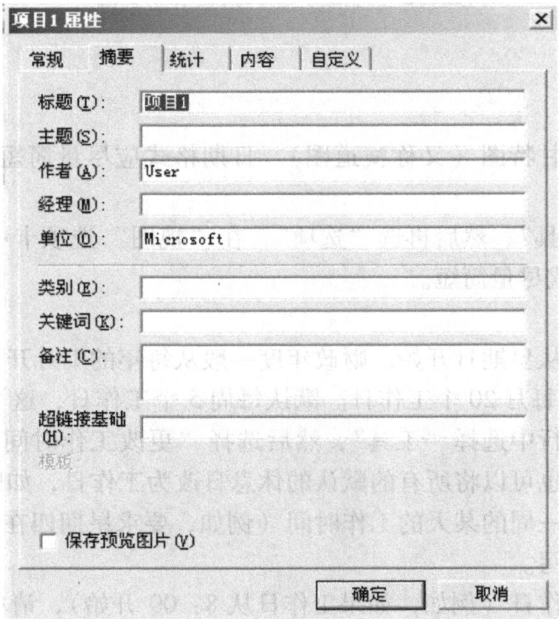

图4-3 "摘要"对话框

在菜单行中选择"项目"，然后选择"项目信息"，弹出"项目信息"对话框。如图4-4所示，在项目信息中关键是确定按什么顺序安排项目进度（日程排定方法），即是从项目开始之日起，还是从项目完成之日起。选定了日程排定方法，接下来就要输入项目的开始日期（对应于从项目开始之日起）或完成日期（对应于从项目完成之日起）。

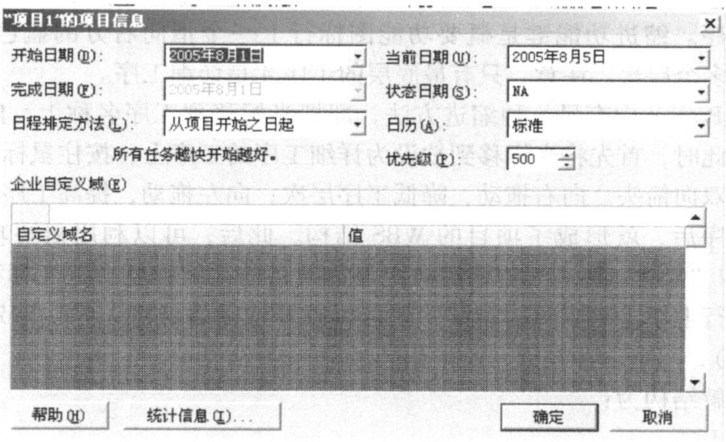

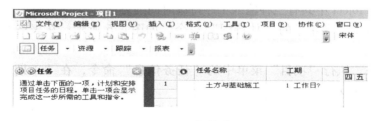

图4-4　"项目信息"对话框

在"摘要"中可以输入标题、主题、作者、经理、单位等。在"日程排定方法"中确定项目进度的安排方法为"从项目开始之日起"，项目开始日期定为 2016 年 9 月 20 日。

三、确定工作分解结构

在将整个工程分解为具体的施工工序之前将工程分解为若干个较粗的汇总工序。如教学楼这个工程可以分解为土方与基础工程、主体结构、装饰工程、设备安装工程等几个汇总工序。

单击甘特图，在"任务名称"中输入汇总工序的名称。注意现在屏幕上所有工序的持续时间均为一工作日，如图4-5所示，这个默认值用于防止被零除运算。横道图上也表示为一天；每个工期之后都带一个"？"后，它表示的是估算工期，如不是估算工期可将"？"删除。

图4-5　工期的输入

四、输入详细工序名称

在上面确定的工作分解结构中添加详细工序。详细工序是构成项目进度计划的基本单元，需要输入各种详细数据，用于表达项目实施计划的细节；而汇总工序则不需要输入任何数据，它的用途仅仅是说明工作分解结构。简言之，汇总工序表明项目的结构，而由详细工序表达所有的基本信息。

输入详细工序时，先把光标移到相应汇总工序的下一行，按〈Insert〉键，然后在刚插入的空白行中输入工序名称，输完后按〈Enter〉键，并利用缩进功能键，将其作为相应汇总工序的详细工序。缩进功能键是概要功能图标行上一个指向右方的蓝色箭头。Microsoft Project 允许缩进多个层次。注意，只有最底层的工序才是详细工序。

在 Microsoft Project 中有另一种缩进方法，即把光标移到工序名称上，然后向右拖曳鼠标以改变层次。此时，首先将光标移到欲设为详细工序的工序上，按住鼠标左键并拖动，此时，光标将变为双向箭头。向右拖动，降低工序层次；向左拖动，提高工序层次。

输入详细工序后，就形成了项目的 WBS 结构。此后，可以利用概要功能图标行上的"打开（＋）"和"隐含（－）"功能键决定显示项目的详细程度。把光标移到某个汇总工序上，并在工具行上单击相应的功能键，就可以打开或隐含详细工序。选定相应工序（单击工序的标识号），双击鼠标左键，效果相同。

输入项目分解结构为：

支模板 1
支模板 2
钢筋制作 1
支模板 3
钢筋制作 2
混凝土浇筑 1
钢筋制作 3
混凝土浇筑 2
混凝土浇筑 3

五、输入工序持续时间

详细工序持续时间的估算十分重要。进度计划的质量取决于详细工序时间资料的质量。在课程学习时详细工序持续时间是直接给定的。

在 Microsoft Project 中共有三种输入工序持续时间的方法：

1）执行"视图"菜单中的"甘特图"命令，如图 4-6 所示；在表格的"工期"列中直接输入。

2）选定任务，执行"项目"菜单中的"任务信息"命令，在"工期"栏中输入相应的工期，如图 4-7 所示。

3）双击相应的任务，弹出"任务信息"对话框，在"工期"栏中输入相应的工期。

编制进度计划时，只需知道详细工序的持续时间，软件就可以根据这些持续时间，按照工序的层次顺序自动计算出各个汇总工序的持续时间，并计算出整个项目所需要的时间，即总工期。千万不要为汇总工序输入持续时间。

持续时间为 0 的"工序"称为里程碑。里程碑的用途是指关键日期、重要事件和限期完成的事件。任何工期为 0 的任务都自动显示为里程碑，也可以将具有任意工期的其他任务

图4-6　"视图"之"甘特图"

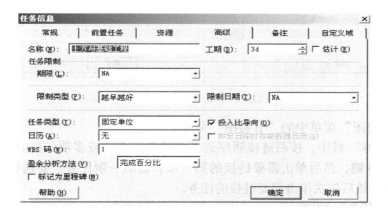

图4-7　"项目"之"任务信息"对话框

标记为里程碑。默认情况下，里程碑的日期用菱形符号表示。

输入项目持续时间为：

支模板1	3 工作日
支模板2	3 工作日
钢筋制作1	3 工作日
支模板3	3 工作日
钢筋制作2	3 工作日
混凝土浇筑1	2 工作日
钢筋制作3	3 工作日
混凝土浇筑2	2 工作日
混凝土浇筑3	2 工作日

147

六、确定工序之间的逻辑关系

每个详细工序的开始取决于它的前导工序（前置任务、紧前工作）。紧前工作与当前工作之间最常见的关系是"结束—开始（FS）"，即紧前工作的结束是当前工作开始的条件。

可用以下方法把各工作之间的逻辑关系输入软件中：

1）将鼠标移到选定的详细工序上，双击，出现"任务信息"对话框，如图4-8所示。在前置任务选项卡中输入前置任务的标识号、任务名称、类型、延隔时间。延隔时间即工序之间的技术、组织间隙时间（输入正值）或搭接时间（输入负值）。

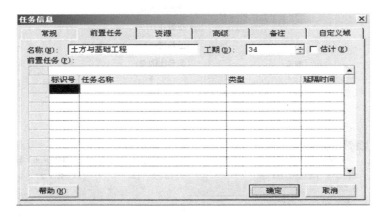

图4-8 "任务信息"对话框

2）执行"视图"菜单中的"甘特图"命令。

在"任务名称"域中，按照链接顺序选择要链接的两项或多项任务。要选择相邻的任务，按住＜Shift＞键，然后单击需要链接的第一项和最后一项任务。要选择非相邻的任务，按住＜Ctrl＞键，然后依次单击需要链接的任务。

单击"链接任务"按钮。

如果需要改变任务链接，双击需要修改的任务之间的链接线。会弹出"任务相关性"对话框。如果弹出的是"设置条形图格式"对话框，那么您未能准确地双击任务链接线，这里需要关闭这个对话框然后再次双击任务链接线。

在"类型"文本框中，选择所需的任务链接类型，然后单击"确定"按钮。如果需要取消任务链接，请在"任务名称"域中选择需要取消链接的任务，然后单击"取消任务链接"按钮。这些任务将会根据与其他任务的链接或限制重新安排日程。

3）直接在当前工作的"前置任务"域中输入前置任务的标识号。

输入项目逻辑关系为：

任务名称	前置任务
支模板1	
支模板2	支模板1
钢筋制作1	支模板1
支模板3	支模板2

任务名称	前置任务
钢筋制作 2	支模板 2、钢筋制作 1
混凝土浇筑 1	钢筋制作 1
钢筋制作 3	支模板 3、钢筋制作 2
混凝土浇筑 2	钢筋制作 2、混凝土浇筑 1
混凝土浇筑 3	钢筋制作 3、混凝土浇筑 3

七、检查网络逻辑关系

在编制进度计划时，很重要的一点是：确保工序之间的逻辑关系明确，并构成一个网络。检查网络计划的逻辑关系主要是依据网络图绘制的基本规则及要求、工作之间的基本逻辑关系。

检查、修改网络逻辑关系的直接方法是利用网络图。在菜单栏中选择"视图"，然后选择"网络图"，调出网络图。单击鼠标右键，选择"版式"，在弹出的对话框中修改部分选项。在"放置方式"中选定"允许手动调整方框的位置"，在"链接样式"中选择"直线链接线"。确定后可以移动某些工序节点位置，使网络图更为整齐和清楚。如果想恢复移动工序位置前的原始网络图，则可单击鼠标右键，在弹出的菜单中选择"立即设置版式"。

八、资源与资源规划

1. 建立资源库

执行菜单栏中的"视图/资源工作表"命令，或单击"视图栏"中的"资源工作表"，输入项目工程的资源信息，如图 4-9 所示。注意工时类资源与材料类资源在输入时的不同之处。

资源名称	类型	材料标签	缩写	组	最大单位	标准费率	加班费率	每次使用成本	成本累算	基准日历
瓦工	工时		瓦		100%	¥10.00/工时	¥0.00/工时	¥0.00	按比例	标准

图 4-9　资源工作表

双击某个资源名称，可对资源进行详细信息的设定，更改资源工作日历采用默认值。

选中"资源信息"中的"备注"选项卡，为资源挖土机输入备注内容"某有限公司制造"。

2. 为任务分配资源

如图 4-10 所示，使用分配资源对话框分配资源。

1）单击视图栏中的"甘特图"按钮，将视图切换到"甘特图"。

2）单击工具栏中的"分配资源"按钮，或执行菜单栏中的"工具/分配资源"命令，调出"分配资源"对话框。

3）选中要分配资源的任务。

4）在分配资源对话框的"资源名称"域中，选定要分配的资源。

5）单击"分配"按钮，即可将选定的资源分配给任务。如果要分配的资源单位不是 1，可直接在"单位"编辑框中输入资源的分配量，或分配后再修改。

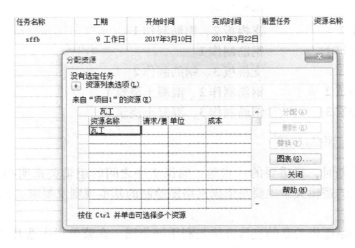

图4-10 分配资源对话框

在"任务分配状况"视图，选中一个任务或任务分配的资源，单击工具栏中的"到选定任务"按钮，在右边的表中观察资源每天参与工作的情况。

九、设置横道图格式

系统默认的横道图中并不区分"关键工序"和"非关键工序"，但 Microsoft Project 提供了一个特殊的功能，即"甘特图向导"，可以很容易地设置横道图中关键工序的横道样式。选定甘特图，在空白处单击鼠标右键，在弹出的菜单中选择"甘特图向导"，然后按照提示一步一步进行设置。

在横道图格式中还要定义额外的横道表示工序其他信息，如总时差、基准进度等。下面以设置总时差横道为例：

双击横道区域的任一位置，调出对话框；移至对话框中的最后一行，在"名称"项中输入"总时差"；将光标移至"外观"项，选择横道的形状、颜色和图案；在"任务种类"项中选择"标准"；在"行"项输入"1"；在"从和到"项分别从选择框中选择（不要键入）"完成时间"和"最迟完成时间"。

根据甘特图向导设置横道图的样式，设置额外的横道表示总时差。

十、修改时间坐标

双击时间坐标区域，或单击菜单栏中的"格式"→"时间刻度"，接下来就可以对项目的时间进行更为精确的计划。可以修改"主要时间刻度"和"次要时间刻度"等。如有必要，还可以调整"缩放"后面的百分数，以调整每一格时间坐标的大小，从而设置横道图适宜的打印或显示页数。

十一、确定外加约束（时限）

Microsoft Project 以"最早开始"为基础编制项目进度计划，以保证逻辑关系上的一致性。

十二、将当前计划设置为基准计划

编制进度计划的目的，是把它作为项目的一个基准进度计划，通过跟踪和检查项目实际实施情况，将基准计划进度与项目要求进度、时间进度不断进行比较、分析、预见和调整，并采取必要的措施，保证项目按要求完成。因此需要设置一个基准进度计划，从菜单行中选择"工具"，然后选"跟踪"，最后选定"保存比较基准"。设置完基准计划后，就可以进入进度控制模式。

十三、保存进度计划和基础数据

在"文件名"列表框中输入 Project 项目文件的名称，在保存类型中采用默认值，单击"保存"按钮，即可将 Project 文档保存为 .mpp 格式的项目文件，如图 4-11 所示。

图 4-11 "保存"对话框

总的来说，Microsoft Project 是一个智能工具。使用它来编制计划，将繁琐的计算变得简单，极大地提高了工作效率。

单 元 小 结

常用的项目管理软件有 Microsoft Project、Primavera Project Planner 等。

使用 Microsoft Project 软件编制建筑项目的施工进度计划，其编制步骤一般是：设定用户格式与操作环境、设置项目基本信息、确定工作分解结构、输入详细工序名称、输入工序持续时间、确定工序之间的逻辑关系、检查网络逻辑关系、资源分配和资源均衡优化、输入费用数据、设置横道图格式等。

实 训 练 习

结合实际建筑施工工程，将其施工组织进度计划安排用 Microsoft Project 进行编制。

参 考 文 献

[1] 张保兴. 建筑施工组织[M]. 北京：中国建材工业出版社，2003.

[2] 李建华，孔若江. 建筑施工组织与管理[M]. 北京：清华大学出版社，2003.

[3] 李忠富. 建筑施工组织与管理[M]. 北京：机械工业出版社，2004.

[4] 杨志波，等. 基于 Project 2003 的项目管理[M]. 北京：电子工业出版社，2004.

[5] 危道军. 工程项目管理[M]. 武汉：武汉理工大学出版社，2014.

[6] 彭圣浩. 建筑工程施工组织设计实例应用手册[M]. 4 版. 北京：中国建筑工业出版社，2016.

[7] 李建峰. 建筑施工技术与组织[M]. 北京：机械工业出版社，2016.

[8] 危道军. 建筑施工组织[M]. 3 版. 北京：中国建筑工业出版社，2014.

[9] 土木在线. 施工组织设计编制与范例精选[M]. 北京：化学工业出版社，2012.

[10] 蔡雪峰. 建筑工程施工组织管理[M]. 2 版. 北京：高等教育出版社，2011.

[11] 金忠盛. 施工项目管理[M]. 2 版. 北京：机械工业出版社，2012.